JN082731

ヴィニュロンの流儀

ボルドーと椀子(まりこ)ヴィンヤード
ワインのブドウ畑から
私が伝えたいこと

齋藤 浩
Hiroshi Saito

ブドウ畑 四季の作業

写真は筆者撮影。特記以外は、ボルドー、オー・メドック地区のシャトー・レイソンを中心に
近隣のシャトーを含めたブドウ畑で撮影。

来シーズンに向けての最初の作業が剪定だ。収穫を終え、ブドウ樹が落葉し始めると開始する冬の作業だ。耕作面積の広いシャトーでは、完全な落葉を待たず作業を開始する場合もある。写真は12月上旬。右奥は剪定された区画で、剪定枝を焼却しながら作業が進められる。

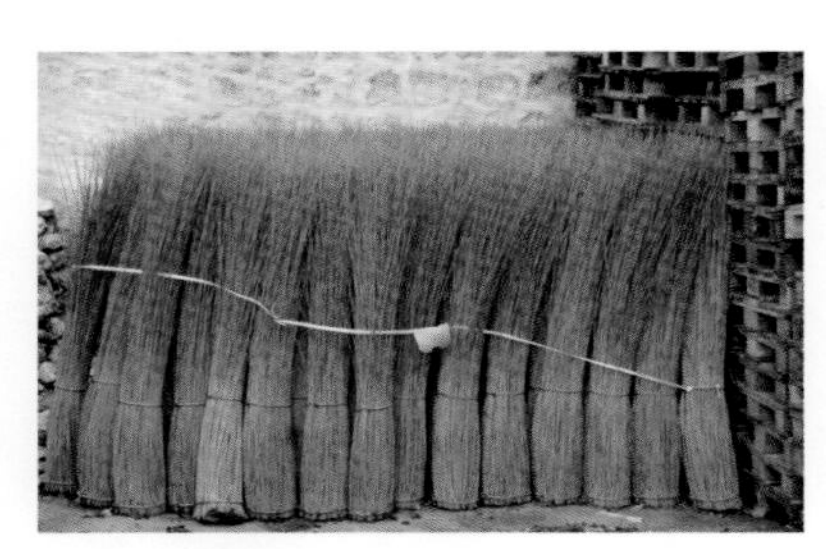

枝を縛り付ける柳は、昔からシャトー内の農園で栽培し、何万本という小枝を長さを揃えて束にし、準備しておく。

結果母枝の誘引作業（2月〜3月）。剪定が終わった後、この地域のグラン・クリュでは昔ながらの柳の小枝を用い、1本のブドウ樹に対し、主幹、そして両側の結果母枝の3ヶ所をワイヤーに結び付ける。

初夏に行われる植栽。植樹のために植穴を掘り、ポットで栽培した苗木を植え付ける。接ぎ木して1年育苗した一般苗ではなく、接ぎ木した年の新梢が伸び始めたばかりの、半年育苗の状態で植栽を行う場合もある。この場合は潅水が必要になる。

12月～3月、剪定の終了した区画からカラソン（支柱）の更新作業（カラソナージュ）が行われる。毎日鉄ハンマーを振り下ろす過酷な作業だ。カラソナージュについては第一部第2話参照。

春先のブドウの補植作業。鉄棒の先が二股になっている道具を使い、この二股に苗木の根の部分をはさみ、一気に押し込んで植え付ける。植え付け場所は、前年の秋、オーガで植穴を柔らかくしておき、若干の肥料を混ぜ込んでおく。

春先のブドウの補植作業。添え木を刺し、それに沿わせて苗木を植え付ける。通常ボルドー地域では、植栽する苗木の根は数cm程度に短く切る。椀子（まりこ）ヴィンヤードでは初期の植え付け時、苗木の根はすべてこの程度に切り揃えた。

春先に行われる手作業による株元の盛り土戻し作業。この作業ではトラクターも使われるが、このブドウ畑では、伝統的にすべて手作業で行われている。（写真はブルゴーニュ、4月撮影）

ボルドー地域では、7月の短期間に広大な面積の除葉作業を行うため、臨時の労働力として、アルバイト学生を雇うところが多い。除葉は、各シャトーの考え方によって片面のみ、もしくは両面同時に実施される。除葉については第一部第5話参照。

新梢のわき芽から伸びてくるのが副梢。除葉時に掻き取り忘れたり、除葉時にはまだ伸びていなかった副梢を掻く作業が、エシャルダージュ。7月〜8月に行う。エシャルダージュについては第一部第6話参照。

伸びすぎた枝の先端を切ったり、伸びすぎて垣根の側面からはみ出した副梢を整理するのが夏期剪定。繁茂し過ぎてキャノピーの環境に悪影響を及ぼさないようにするのが目的。通常トラクターに搭載するリーフカッターが用いられるが、区画によっては手作業で行われる。

10月上旬、あいにくの雨だが、カベルネ・ソーヴィニヨンの畑で収穫作業が進められる。ボルドーの秋は比較的雨の日が多く、雨カッパを着て行う収穫風景は決して珍しくない。

ブドウ畑で収穫され、次々とトラクターに付属する荷台で運ばれてきたカベルネ・ソーヴィニヨンは、醸造所のコンケット（ブドウ受け槽）に投入される。ヴィニュロンたちは、このブドウを除梗破砕機に繋がるコンベアーに誘導する。この後、ブドウは破砕された果粒のみとなり、奥に見えるタンクに投入され、醗酵へと導かれていく。

タンクでの発酵を終え、12月に樽詰めされて育成を開始した赤ワイン（12月撮影）。新樽は樽板がかなりの量のワインを吸ってしまい、頻繁な目次ぎが必要なため、樽の注ぎ口には取り外し容易なガラス栓を乗せている。

本書について

本書は二部構成になっている。第一部はボルドーのシャトー・レイソン駐在時代、浅井昭吾さん（筆名・麻井宇介）の勧めで『酒販ニュース』紙（醸造産業新聞社）に連載した文章（１９９８年〜１９９９年、全14回）を大幅に加筆して完成させた。シャトー・レイソンの1年を通し、ワインづくりのために行われている栽培や醸造のさまざまな作業、その作業の目的や意味などを、私なりの視点でまとめている。こうして見ると、栽培に係る時間が非常に多かったことに気付く。

メルシャン㈱は１９８８年から２０１４年まで、海外でのワインビジネス拡大や技術者の視野を広げるための拠点として、オー・メドック地区のシャトー・レイソンを所有。この間、勝沼ワイナリーから研修や品質改善を目的として定期的に技術者を派遣していた。１９９０年、カリフォルニア大学デイヴィス校留学を終えた私は、その足で秋の仕込みのためにこのシャトーに派遣され、初めてボルドーの栽培や仕込みを経験。その後１９９４年5月に再び渡仏し5年間にわたって駐在した。その間、ボルドー大学でいくつかの講座も受講し、そこで得た知見も本書で紹介している。

ボルドーから帰国後は、長野県上田市の椀子（まりこ）ヴィンヤードの立ち上げを担当し、土地を選んで畑を設計し、品種を決定。栽培が軌道に乗り、安定した生産が可能になるまで、シャトー・メルシャン工場長（２００６年就任）の任を終えるまで約15年間携わってきた。その経験を柱に、日本ワインのために畑を拓き、ワイン用ブドウを栽培することについて考察したものが第二部だ。

本書が日本でブドウを栽培し、ワインをつくろうとしている方々の一助になれば幸いだ。

目次

第一部 ヴィニュロンたちの四季
——メドックの畑から

日本でワイン用ブドウをつくるということ ――椀子ヴィンヤードの畑から

注：ブドウの硬核期を指す「ヴェレゾーン」は一般にはヴェレーゾン、ヴェレゾン、人名の「ドゥニー・デュブルデュー教授」はドゥニ・デュブルデュー教授と表記されることが多いですが、本書はそれぞれ、よりフランス語の発音に近い表記にしました。

第一部

ヴィニュロンたちの四季

――メドックの畑から

ヴィニュロンたちの四季　**第1話**

剪定

例年にくらべ、ボルドーの今年の冬は比較的穏やかだ。

いつもなら天気が良くなると、夜間の放射冷却により気温が極端に下がってくるのだが、青空が広がっているわりには暖かい冬を過ごしている。

２月に入り、春の到来の近いことを告げるミモザの花が黄色く咲き始め、日々強さを取り戻し始めた日の光とまだ弱々しい空の青さとのコントラストのなか、鈍い緑色をした葉を背景にひときわ輝いて見える。

ブドウ畑を見渡すと、広い畑の中にヴィニュロン達の作業する姿が散見される。ところどころで剪定した枝を焼く煙が立ち上り、のどかな風景を醸し出している。

傍らのハンノキの花穂が日増しにその長さを増している。季節の移ろいはゆっくりではあるが、静

冬季の剪定が進められるブドウ畑。剪定枝を焼く煙が立ち上がる

剪定枝は畑で焼却する

かに確実に進みつつあることを草木達は教えてくれる。

剪定開始はメルロから

昨年の初冬、ブドウの樹が葉を落とすと同時に始められた剪定作業も、いよいよ終盤にさしかかった。

「今日でメルロが終わるぞ。明日からはいよいよカベルネだ」

シャトー・レイソンのヴィニュロン達の中で、一番若く体格のがっしりしたアブデールが、少々うんざりしたように声を発した。

彼は栽培のシェフ（責任者）であるクリストフの次に剪定が上手で、ここメドックで毎冬開かれる剪定選手権にも、シャトーの代表として参加したことがある頼もしい男である。

「さー、いよいよ大変だ」「鋏をよく研いどけよ」

シェフのクリストフが叱りつけるような口調で皆を見回す。

「俺は電動鋏を使うさ」と答えるアブデールに、作業では男勝りの頑張り屋で、口では誰にも負けずまくしたてるベルナデットが、口を尖らせながら大声を張り上げた。

「あらだめよ、私が使うんだから！」

ある一日の早朝のミーティングの光景である。

我々のシャトーでは、剪定から芽掻き作業を過ぎて新梢誘引作業に至るまで、ヴィニュロンたちが責任を持って栽培作業にあたるよう、各人の担当する区画が決まっている。

そして彼らの習慣で、剪定開始はメルロからとも決まっている。

剪定鋏を持って畑に出かけ、メルロとカベルネ・ソーヴィニヨンの登熟した枝を切りくらべてみれば、その理由はすぐにわかる。

カベルネ・ソーヴィニヨンはメルロにくらべてはるかに堅く、枝を切り落とすのに相当な力がいる。その感触の違いは歴然だ。

そこで、彼らはまず柔らかいメルロから剪定作業を始め、手のひらや二の腕が十分その作業に慣れてきた頃、いよいよカベルネ・ソーヴィニヨンに挑むのだ。

収穫時にも同じことを感じることがある。

まずメルロが先に収穫期を迎え、果房と結果枝（果房がつく枝）を繋いでいる果梗（かこう）は、果実が熟せば熟しただけ木化し、薄緑色から茶色になる。柔らかくしなやかな状態から、堅い小枝のように変わるのだが、これを鋏で切り取って収穫するのに、さして力はいらない。

ところがカベルネの果梗は、十分に木化して茶色になると、たいそう堅い。収穫用の小さな鋏では、ときおり刃の部分がその堅さに耐えきれず、開いてしまうこともある。

カベルネ・ソーヴィニヨンの「ソーヴィニヨン」とは、フランス語で野生を意味する「ソヴァージュ」

が語源だそうだ。この2つの品種を比べてみても、なるほどと思う。

電動鋏

醸造所内の作業の合間に、建物の裏手に広がるメルロの畑へ出てみると、剪定作業をしているベルナデットの姿を見つけた。

電動鋏で数列の畝を荒剪定していくと、また元の場所に戻って、今度は普通の剪定鋏で同じコースの仕上げ剪定を進めていく。それを繰り返していた。

「あっちこっち歩いて大変だね」

問いかける私に彼女は剪定作業の手を休め、ふっと一息ついてから片方の手をワイヤーの上に置いて答えた。

「女は力がないから大変だよ」

しばらく立ち話をしたあと、彼女はふと気がついたように、「でもこの鋏のおかげで、だいぶ楽だわ」と握ったままの電動鋏をいとおしそうに見る。朝のミーティングで、あやうくアブデールに先を越されそうになった電動鋏である。

戻りかけた私の背後から、「ただ人の倍歩かなきゃならないけどね」と彼女の声が聞こえた。振り返ると、彼女は何事もなかったかのように、屈みながら新しい樹の剪定を始めている。

醸造場へ戻るあいだ、彼女が剪定し、枝を引きずり下ろす「ザザッ、ザザッ」という音だけが聞こえていた。

電動の鋏はかなり前から存在する。その後改良が進んで携行するバッテリーの重量は軽くなり、作業者の負担は軽減されている。

我々の行う結果母枝の剪定方法は、1番基部にある芽は数えずに2番目・3番目の芽を残し、4番目・5番目の芽を剪定鋏でそぎ取り、6番目・7番目を残してまた8番目をそぎ取ってその先は切り落とす。

この芽そぎ作業に、剪定鋏をそのまま使う者もいれば、小さな鎌のようなものがついている鋏（24ページの写真）を使い、その小さな鎌で素早くそぐ者もいる。

ベルナデットの使っている電動鋏は改良されているとはいえ、この作業が思うようにできない。枝を切り落とす作業では絶大な威力を発揮するが、細かな作業をしようとするとまだまだ難がある。

剪定は何のために行うか？

さて、この剪定という作業はいったい何のために行うのだろうか。

定義として広く理解されるだろう項目は、次の3点である。

鎌つき剪定鋏の鎌部分を使って芽そぎを行う

〈剪定の目的〉

・ブドウの頂芽優勢という性質を抑え、栽培可能な形態にする

・ブドウ樹の生育コントロール

・同じ専有面積の内で、ブドウ樹の永続的で常に一定の、つまりサステイナブルな生産を保証する

そもそもブドウはつる性の植物である。

日本国内の標高1000メートル程度以上の山地では、「ヤマブドウ」という植物を普通に見ることができる。そのヤマブドウは、27ページ上の写真のように巻きついた高木全体に枝葉を伸ばし、樹木全体を覆い隠すように茂っている。

この状態こそ、ブドウ本来の野生の姿だろう。

人間がブドウを栽培植物として利用する以前、野生ブドウはまず雌雄異株だったと思われる。そして人間は、山野に自生するブドウのなかから雌雄同株、つまり1本のブドウ樹だけで果実が実る株を発見する。

それを住居の近くに拓いた畑に植栽したところから、ブドウ栽培が始まったのではないだろうか。

ところで、〈剪定の目的〉の最初の項目にある「頂芽優勢」とは、いったいどのような性質だろうか。

ブドウ樹は、昨年長く伸びた枝をそのままにしておくと、翌年の春にはその枝の先端の芽（頂芽）

が最も生育旺盛となる。

一方、それより下方、基部にかけてのそれぞれの芽から伸びてくる新梢の生育は弱い。萌芽しないものもある。

立ち木を支持体として自分の体を支えるつる性植物のブドウは、先端部分の生育が優先されることで上へ上へと枝を伸ばし、立ち木全体を覆っていく。生存するための十分な太陽光が得られるよう、枝葉を上に向かって繁茂させるのである。

このような性質を持つ植物を人間が栽培するには、この本来の性質をそのままにしておくわけにはいかない。

そこで「剪定」という行為がおこなわれるようになった。

毎年新梢が先へ先へと伸びてしまう性質を抑えながら、高い木に登らなくても果実を収穫できるよう管理しようとしたのだ。

人間は毎年繰り返される栽培という作業を通し、長い年月をかけながら少しずつブドウ樹の生理に理解を深め、ブドウを利用するようになったのである。

だが、紀元前の遠い昔に栽培を始めた頃は、この野生の性質をそのまま利用したのではないだろうか。

草地の中に潅木を残したり、畑の中に丈の低い樹を植え、それを支持体としてブドウを栽培する…おそらくこれが、野生種を人間が栽培種として用いた最初の形態ではないか、と私は考える。

樹木全体を覆うように茂るヤマブドウ

イタリアの寒村で見た栽培様式。灌木を支持体として、その樹に枝を巻きつける

そして栽培を続けるうちに、折れてしまった枝や、野生動物の食害を受けた枝は、翌年の実付きが良いことに気づいたりする。こうした、さまざまな経験を重ねるうちに、やがて剪定という概念が生まれたのだろう。

ブドウ樹は垂直に上方に伸びた結果母枝を長くそのままにしておけば、頂芽優勢の形質をそのまま現して、果房の実る位置は年々上へ上へと上がっていってしまう。

ところが、結果母枝を数芽まで切り詰めておけば、結果母枝それぞれの芽から伸張する新梢はお互いにバランスのとれた樹勢を示し、一度伸び始めた新梢は、翌年も同じところから伸長を始めるようになる。そうすれば同じ空間の範囲で安定してブドウが収穫できるようになる。

以前、イタリアの寒村でこのような栽培を現在も行なっている光景に出くわし、栽培の歴史を自分なりに考えるきっかけになった。今でも前ページ下の写真のような栽培形態が残っているのは大変興味深く、地域の文化の重みをしみじみと感じることができる。

栽培経験が剪定技術を進歩させた

時代が進み、ブドウ畑が整備され、広い畑でブドウ栽培が行なわれるようになると、立ち木を支持体として利用するような栽培形態から、現在使われているような支柱を使用し、「棒仕立て」

や自立型の「ゴブレ」など、さまざまな様式の剪定方法が用いられるようになった。

この頃には、剪定はあたりまえの作業になっていて、剪定技術の研究が進められていただろう。

つまり、結果母枝を短く切る、短く切った枝をたくさん残す、あるいは中程度の長さに切った枝を1本残すというように、一定の法則に従って剪定が行われるようになったのではないか。

さらに切った結果母枝を水平、もしくは下方に向けておくと、全体にバランスのとれた新梢が見られることが発見され、「ブドウの頂芽優勢の性質を、栽培可能な状態にすること」が普及していったのだろう。


今では結果母枝を水平より下方に向けると、冬季の寒さにたえる事がわかっている。

以前シャブリ地方を訪ねたときのことだ。うねる坂道を進み畑に下りた。

見渡す限りのブドウ畑。剪定もすでに終わり、結果母枝の誘引も済ませ、静寂が支配する光景に、少し違和感を覚えた。

おやっ!?と思ってよく見ると、すべての畑の結果母枝は斜面に沿って下方に誘引してあるではないか。

シャブリはブルゴーニュより北に位置するから、冬季の気温はくらべものにならないほど低くなる。

過去には凍害を何度となく経験しているに違いない。

下方への誘引は、栽培者が長い栽培の歴史の中から経験的に見出したものだろう。

メドック式剪定、ギュイヨ・メドケン式

メドックで行われている剪定方式は、メドック式剪定、またはギュイヨ・メドケン式と呼ばれ、一般的に知られているギュイヨ・ドゥーブルの変形となる。

地面より1本の主幹が40㎝程度垂直に立ち上がったところから、結果母枝を左右に1本ずつ水平に伸ばし、残りをすべて剪定するのが、メドック式だ。

通常ギュイヨ・ドゥーブルでは、主幹から結果母枝の分かれるところに翌年の結果母枝を確保するため、2芽程度に短く切った予備枝を残す。

しかしメドック式剪定はこの予備枝を残さない。このため毎年更新される結果母枝は徐々に主幹から遠ざかっていく。

アルファベットのT字を思い浮かべていただくとわかりやすい。Tの字形のように、主幹から両翼に則枝が分かれ、それぞれの先に長梢の結果母枝がある。

メドック式剪定だと、この両翼に分かれた側枝が徐々に両方向に広がっていき、老木になるにつれ、新梢の伸びる部分は主幹から離れ、左右の葉群が混み合うことはなくなる。

ちょうどTの両端を延ばしたところに、それぞれ扇を広げた格好で新梢が伸びると想像していただくとよいだろう。幼木のうちは左右の新梢部分が互いに交差するが、樹齢を重ねるうちに間隔が

電動鋏を用いた剪定風景。背中にバッテリーを背負っている

ギュイヨ・メドケン式剪定の終了したブドウ樹

開き、葉群の微気象は改善される。

かといってこの間隔の広がりをそのまま許しているわけではない。当然隣り合うブドウ樹どうしの間隔も保たなければいけないので、ときには主幹に近い部分に予備枝を残し、剪定時に長くなった部分を切り戻すこともする。


このように長い間、ギュイヨ式の長梢剪定が行われてきたここメドックでも、１９９０年代の後半頃から短梢剪定方式であるコルドン式が許可された。

メドックの研究機関の長年にわたる調査では、収穫時ブドウ果の均一性や熟度、またでき上がったワインの官能試験において優れた結果が得られている。

とはいえ、試験的に取り入れ始めたシャトーはあるものの、選択の可能性が生まれただけで、普及には至っていない。

急速に進化した醸造分野の機械機器設備と異なり、ワイン法で規定されていたとはいえ、何世紀にもわたって培われてきた農作業形態が急激に変化していくとはどうしても思えない。

メドックでこれまで続いてきた栽培形態は、伝統とこの地の風土を十分に反映しているものだろう。が、一方で、前進するための改革も必要であることは否定できない。

剪定した切り口から感染する病害

剪定時期の冬季、メドック地方に太陽の光が射すことはほとんどない。鈍色（にびいろ）の空が支配し、時にしとしとと小雨が舞うような毎日が続く。

しかしこれが幸いして、気温はあまり下がらず、凍てつくような寒さはあまりない。ほどよい湿度と、わずかばかりの気温は確保できる。

だがこの気象条件には、低温下でブドウに被害を引き起こす厄介な病原菌が活躍できる、という不幸な一面もある。

これらの病原菌がもたらすのは、日本ではほとんど耳にすることがない「エスカ」、「エクスコリオーズ」といった病害で、冬期の雨の多い時期に剪定時の切り口から感染して発症し、ブドウ樹を枯死に至らせる。

剪定はブドウの樹に時として大きな切り口を作るが、切断された面の維管束はまったく無防備な状態だ。

病菌の胞子は非常に小さいから、容易に維管束に入り込める。さらにこれらの病菌は4℃程度の温度帯でも十分活動できる能力がある。

メドックに限らず、冬季の気象が曇りがちで湿潤な地域では、一様にこの病害の発生に悩まされている。

それにくらべて日本の冬は、太平洋側は晴天が多く乾燥し、気温は低くなる。日本海側は雪が多く湿潤ではあるが、気温がかなり下がる傾向にある。このため、「エスカ」や「エクスコリオーズ」の発生はほとんどない。

こうした病害は、ブドウ樹の樹齢に大きく影響する。

ここメドック地方の改植は35年から40年が平均で、ボルドー右岸もほとんど変わらないが、同じフランスでも、たとえば内陸のブルゴーニュ地方に行くと、１００年を迎えるような樹齢に出くわす機会が増える。

ブルゴーニュ地方の方が冬の気温が低く、菌のまん延度合いが緩慢だからだろう。それに栽培品種の耐性の違いもある。

剪定方式によっても感染度合いは違い、ギュイヨ・サンプルやギュイヨ・ドゥーブルでは枯死率が高く、コルドンやゴブレ様式では低い傾向にある。

病害対策としては、大きな切断面を作らないような剪定方法や、大きな切断面に殺菌剤を塗布するなど、試行錯誤が行われている。

ロワール地方では、経済性の面から、ブドウ樹の枯死を防ぎ寿命を考慮した剪定方法が実施されている。

ギュイヨ・プサールという剪定様式で、20世紀初頭、フランス・シャラント地方の栽培家、プサール氏によって考案された剪定方法である。

これは結果母枝と予備枝の位置を、毎年主幹の右側と左側交互に交代させる様式だ。

さらに剪定時に残す芽の方向も、樹液の流れの観点から独特の考えがある。

ブドウの芽は基本的に、枝の左右に交互に形成される。つまりブドウの樹や枝は、横から見て左右両側に樹液の流れがあることになる。

この左右の樹液の流れを途切れさせないよう、また、左右どちらも妨げないよう、枝の最初の下向きの芽を使い、翌年も同じように最初の下向きの芽を残す。

そうすることで、樹液の流れを同じ方向に固定させ、決して途切れさせないよう工夫した剪定方法だ。


たとえば、今年の剪定で左側に予備枝を残す場合、一番目の芽は下側にあるように予備枝を剪定する。

右側は今年の結果母枝となる枝を長く残すのだが、この基部にも予備枝を残し、基部から一番目の芽は下の外側を向いた予備枝を残すように剪定する。

そして来年は、結果母枝を伸ばす位置を反対にして、左側に作るように剪定する。

このように、毎年左右を交互に変えながら剪定していけば、剪定による切り口の断面は小さく抑えられることになる。そして左右に振ることで主幹から芽座が遠のく速度を半減させることができる。

剪定時の枝の切り方にも、工夫がある。ブドウの樹に限らないが、樹木は枝を切ると、おおよそ切ろうとするその枝の直径分、切り口から幹側に枯れ込む。

まだ細い1年生の枝ではあまり問題にはならないが、2年以上経た枝を剪定する場合にはこのような現象が現れる。

さらに主幹のように何年も経過した太い枝を切る場合には、その直径分の長い切残しを残しておかないと枯れ込みが深くなってしまう。

つまり2年以上経た枝の剪定時には、その直径分を必ず残しておくような剪定を行うことで、幹の内部の生育部分は常に樹液の通り道として確保され、枯死する部分の大幅な縮小が図られるようだ。

結果母枝を左右交互に変える剪定で大きな切り口を発生しにくくすることと、切る際に切残しを残すことの相乗効果で、ロワールでは旧来の剪定にくらべて、枯死するブドウの樹の本数を減らすことができているようである。

数日後、しとしとと小雨の降るなかで剪定作業に精を出すアブデールと一緒になった。

「多少寒くてもいいから日が出ていた方がいいよ。見ろよびっしょりだ、おまけに靴は重くなるしね」

彼はおどけた格好で両手を広げながら、土塊が団子のようにへばりついた長靴の片方を私の前に突き出した。

重粘土の畑では土がべったりと靴底に付着し、それが歩くほどに厚みを増していく。斜面では滑りやすくて危ないし、泥だらけになりながら作業しなければならない。

「今日は何株くらいできそう？」

「ここはあまり樹が暴れていないから８００はいきそうだ」

身振り手振りを交えて話しながら、時おり手を休めてタバコに火をつけようとするのだが、雨に濡れてしまって思うようにはいかない。

誰も気にかけないであろう冬の畑の片隅で、今年の収穫を期待して黙々と作業するヴィニュロンの姿がやけに頼もしく、また少々痛ましくも映った。

剪定方式ごとの剪定時間と全体の作業時間

剪定時間は1,000樹あたりの時間
作業時間は収穫を除いた作業時間

ギュイヨ・ドゥーブル	剪定時間：約26時間 全体の作業時間：約46時間
ギュイヨ・サンプル	剪定時間：約21時間 全体の作業時間：約37時間
コルドン	剪定時間：約14時間 全体の作業時間：約35時間
ゴブレ	剪定時間：約14時間 全体の作業時間：約31時間

ヴィニュロンたちの四季 **第2話**

垣根式栽培とカラソナージュ

「プリムールの値段を見たかい？」

さも得意げにアブデールが声をかけてきた。

いつものように「ボンジュール。サヴァ？」と言いながら、ぶ厚い甲の節くれ立った大きな手を差し出し、握手を求めてくる。畑仕事で鍛えられた男の手だ。

左手に持っているのは、昨日の新聞の広告欄に載っていた一昨年産ワインのプリムール価格表だ。

例年5月になると、ネゴシアンや小売業者が、一昨年のワインの予約を一般消費者から受け付け始める。

「見ろよ、このシャトーなんか２８０フランだぜ」。彼は友人が働いているシャトー名を指さし、あきれ顔で捲し立てる。「去年の倍に近いじゃないか！」

「ところでレイソンはどうだ？」我々のシャトーの価格について訊いてみる。

「去年とあまり変わらないな」

〝ビズー〟で始まる朝

我々の朝はいつもこんな調子で始まる。始業は8時からだが、15分前頃からみな事務所前に集まりだし、「ボンジュール。サヴァ？」と挨拶しながら、お互いに握手し合うのである。女性どうしの挨拶は、お互いの頬と頬を左右交互に4回触れ合わせながら、チュッ、チュッと口を鳴らす。しかし、あまり親しくない間柄では、握手だけにとどめる。男性と女性では、通常は握手だが、ごくごく親しくなると女性どうしと同じように頬と頬を合わせる。しかし4回ではなく2回のことが多い。

日本でも私が小学生の頃は、校内の壁に「挨拶をしよう」という標語が掲げられていた記憶がある。登下校の際、とくに住んでいる地域内では、顔を合わせた大人にも必ず挨拶をしたものだった。こちらの子供たちもまったく同じで、よく挨拶をする。学校で指導されるわけでないのだが、親のしぐさを見ているうちに自然と身につくのだろう。

子供たちの挨拶は決まって、こちらと頬と頬を2回合わせる。頬と頬を合わせる挨拶を、ビズーと言う。

子供たちを学校に送っていったときは、同級生らのビズー攻めに合うこともある。初めは気恥ずかしいばかりだったが、今ではとても微笑ましい気がするし、その日一日が朝からすがすがしい気分で満たされもする。

この挨拶の習慣はやがて我が家にも持ち込まれ、私が仕事で外出するときと、子供たちが就寝するとき、決まってビズーをするようになった。

さて、これがいつまで続いてくれるのか。妻は「小学校の低学年で終わりよ、残念ね」と冷めた口調で言うが、そんなところかなと私自身も内心残念に思っている。

資格社会フランスの給与のしくみ

「何だよ。値段が倍になれば俺たちの給料が倍になると思ったのに」

「それはないよ。もっと違うところが儲けているのさ」

たわいもない井戸端会議をしながら始業時間を待つのだが、ここから少し離れたところで暮らしている私にとって、みんなの会話はシャトー近隣のさまざまな出来事を知るチャンス。楽しい時間でもある。

今朝の主役はアブデールだったが、いつもの主役はフランク。立派な口ひげを蓄え、でっぷりと太ったその風貌は、日本の奴凧の絵に瓜二つ。いたって穏和な男である。

フランクは隣村のシサックに住み、数ヘクタールの自園を持っている。今では休みのたびに畑仕事に精を出すようになったが、若い頃は大工だった。その当時は、時間外労働をあまり厳しく取り締まらなかったため、彼は休みなしで働き続け、蓄財に精を出したそうだ。

今は子供も産まれ、そんな稼業から足を洗い、このシャトーで働き始めた。トラクターや建設系機械の運転に長けた才能をもっているため、他の従業員より若干厚待遇で採用されている。

日本では何か悪いことを色にたとえて「黒」と表現するが、フランスも同じで、たとえば労働許可証を持っていない季節労働者の不法労働や、かつてのフランクのような働きかたは「トラバイ・オウ・ノワール」と表現される。

トラバイとは労働で、ノワールは「黒」。このように人間の感覚に訴える事項に関しては、洋の東西を問わず同じ表現を見つけることができるのがおもしろい。辞書がなくてもすぐに理解できる。

従業員の給与体系は、日本のような年功序列と違い、採用されたときの地位に応じた金額のまま推移する。何年かに一度の見直しが行われるほか、毎年の物価上昇率程度が増額がされるだけ。

つまり、ほとんど変わらないに等しい。

資格社会のフランスではこれが一般的なシステムで、就職する際には少しでも有利な資格を取得して、給料の高い地位の就職口を探す。

我々のシャトーでも、栽培のシェフを勤めるのはまだ30代前半の男だが、それなりの資格を持っている。その下で働く従業員の多くは、彼より年上だ。

日本社会のように、長年勤めてその仕事に精通していくのとは違い、こちらでは最初から人の上に立てる人材を指導者として採用する。

経営する側にとっては、高給を与える指導者層にどんな人材を採用し、その人材がどれだけの技量を持っているかは、非常に重要なことだ。いわゆるホワイトカラーの仕事量は膨大であり、当然質の高さも要求されるからだ。

針金の発明で垣根式栽培が普及した

ボルドーで、現在見られるような垣根式の栽培が行われるようになったのは、いつの頃からだろうか。

見渡す限りのブドウ畑を見ていると、何世紀にもわたって綿々と継承されてきたのだろうと思いがちだが、垣根式は遥か昔からあったものではない。

この事実はボルドーに限らず、フランス全土、諸外国においても同じだ。

文明の発達に伴ってさまざまなものが発明、考案されるが、農業分野でもそれらを導入することで、より効率的な栽培が可能になっていく。

垣根式のブドウ栽培の場合、それは「針金」だった。

時を同じくして、19世紀後半のヨーロッパではフィロキセラ（ブドウ根に寄生するアブラムシ、ブドウ樹を枯死させる）が猛威をふるい、ブドウ畑は壊滅的な被害を受けた。

やがて、フィロキセラの被害を食い止めるため、フィロキセラに抵抗性を持つ北米原産種のブドウどうしの交雑種を台木とし、今まで栽培していた在来品種の穂木を接木する方法が考案される。

各地ではいっせいに、この接ぎ木のブドウ苗木に改植されていくが、その改植ブームと同時に普及していったのが、入手しやすくなった針金を張って枝を這わせる垣根式の栽培だった。

19世紀の終わりの頃である。

次からは、垣根式栽培が確立される以前のブドウ栽培を、ブドウ栽培に用いる支柱を通して見ていくことにしよう。

支柱（カラソン）の補修作業、カラソナージュ

冬季の剪定作業が終わると、萌芽期が始まるまでにやっておくべき仕事がある。「カラソナージュ」という作業である。

読者の皆さんは既にご承知だと思うが、ボルドーでは垣根式でブドウを栽培している。日本で広く行われている棚式は、新梢を頭上の針金に水平方向に這わす仕立て方だが、垣根式は生け垣のように新梢を垂直方向に這わせる。

畝の端から端まで数本の針金を張り、この針金で伸びた新梢を両側から挟み、ブドウ果の実る新梢をまっすぐ上に導いてやるのである。

各区画の畝は相当長いものになるので、途中ところどころに支柱を立てなければ、針金を水平に保っておくことはできない。そこで一列の畝には、ほぼ5m間隔くらいに支柱を立てる。この木製の支柱のことを、ここボルドーを含むフランス南西部ではカラソンと呼ぶ。

カラソナージュという作業は、畝の支柱をまっすぐに立て直したり、腐ってしまった支柱を交換したりすることだ（張ってある針金の張り替えはパリサージュという）。日本にあてはめれば、冬季のブドウ棚の補修作業である。

カラソンの交換作業をするヴィニュロン

フランス各地にあるブドウ栽培地域はそれぞれ歴史的背景が大きく異なり、我々がカラソンと呼ぶこの木製の支柱も、地方によって呼び方が違う。

通常ブドウ樹に使う支柱はエシャラと呼ばれるが、この呼び方は共通語にあたるだろう。ロワール地方ではシャルニエ、ブルゴーニュ地方ではペソー、中央山岳地帯西部からリムーザン地方にかけてはキャラソン、そして、プロバンス地方ではパティソンと呼ばれている。

ブルゴーニュでの呼び名、ペソーの語源を調べてみるとラテン語にたどりつき、フランス語のピョー、つまり杭を意味している。また、エシャラの語源はラテン語でカラキウムだというが、ボルドーの呼び方のカラソンはこれに一番近いように思える。

それまではゴブレ方式が一般的だった

フランス国内にフィロキセラが蔓延していった19世紀後半、フランス全土には約２５０万ヘクタールのブドウ畑が存在した。このうち約76％にあたる１９０万ヘクタールのブドウ畑は、ブドウ樹の横に支柱を１本立てるゴブレ方式（株仕立て）で栽培されていた。

まだ農業に針金が使われていなかったから、現在のような垣根式栽培は存在していない。

当時のゴブレ方式の栽植密度は、１ヘクタールあたり2〜3万本と多かった。

フィロキセラ禍以前、ブドウ苗木は親株からの取り木で増殖していた。親株から伸びた結果枝を地面に伸ばし、少し埋めるか土をかけるかしておくと、枝の各節から新梢が伸び始め、やがて発根する。

頃合いを見てそれぞれを切り離せば、苗木を植栽したと同じことになる。通常の挿し木に比べ、確実に新梢が伸び活着率は高い。

このような栽培習慣から、栽植密度は想像以上に高く、現在の垣根式（ヘクタールあたり１万本）の何倍ものブドウ樹が、地面が見えないほど高密度に植えられていたのだ。

支柱の長さはフランスの古い尺貫法で４ピエ６プース。メートル法に換算すると約１ｍ50㎝で、現在メドック地域のグラン・クリュの畑で使われているカラソンよりも、はるかに長い。

ただ、我々の畑は多少内陸に位置するため、畝の高さが若干高く、栽植密度が低いため、通常は1m80cmのカラソンを使っている。

初期の支柱は、幼木を丸のまま皮を剥いだものだったが、強度に欠け実用的でなかったので、やがて成木の幹を縦割りして使うようになった。こちらのほうが遥かに頑丈で長持ちしたからだ。

使用された材は、おもに栗材や現在のワイン樽の樽材と同じ楢（なら）材だったが、他に楡（にれ）材、アカシア材、トネリコ材、ハンノキ材、楓（かえで）材、プラタナス材や松材等、多種多様だった。

頑丈で耐用年数が長いのは栗材や楢材で、他はそれより多少弱いが、一般にはそれぞれのブドウ産地の近くで十分な量を確保でき、かつ安価な材が使われた。

カラソンはアカシア材が一番

現在のボルドー地域にはアカシアの雑木林が多く、この材を用いたカラソンが多く使われている。実際使っているとわかるが、耐用年数においてアカシアは他の材よりはるかに優れている。

シャトーでは以前、ポルトガル産のユーカリ材の支柱を購入したことがある。真新しい支柱を見て、ヴィニュロン達は驚きの声をあげた。

その材は見事なほど直線的で、まるで工業製品のように太さも均一だった。

重労働でつらいカラソナージュの作業も、楽しく進んだ。一区画まるごとユーカリ材に更新したところもあり、何かすべてが変わっていくような新鮮な感慨があった。

ところが数年の後、傾きを直そうと思って手をかけたユーカリ材の支柱は、ことごとく地際から折れていった。

土中に残った先端は、滑らかすぎる表面がかえって災いして粘土質の土壌にぴったりくっついてしまい、どうやっても引き抜けない。結局、１本１本スコップで掘り出していくはめになった。

その後、松の間伐材を用いたときも、同じような結果になった。皮を剥いた幼木のカラソンを成木に替えていった先人達に笑われてしまう失敗だった。

そんな経験から、我々の使用する材はすべてアカシア材に戻った。幹を縦割りしただけの無骨なカラソンだが、メドック近郊に自生しているから確保が容易で、なによりここの気候風土に十分耐える資質を持っている。

自然とは、人知の及ばないところで実に素晴らしい組み合わせをつくってくれている、と思わずにはいられなかった。そして長い年月をかけて醸成されてきたであろう風土を想った。

カラソンは貴重な財産

時代が前後してしまったが、垣根式が生まれる前に話を戻して先を続けよう。
熟練した働き手は森に入り、1日に1200から1500本のカラソンを作れたそうだ。40本から50本を1束にして25束、つまり1000本から1250本が18世紀当時の取引単位だった。

カラソンの寿命は普通約20年程度だったというが、プラタナス材などは5年程度と言われている。当時のワインの価格は、100リッターで20フラン前後だった。貨幣価値の違いを考慮しても、高い商品ではない。

ゴブレ方式でもカラソンは1ヘクタールあたり1万本以上必要で、それを仮に20年ごとに更新していくと膨大な費用が発生する。

だからカラソンはヴィニュロン達にとって貴重な財産だった。収穫が終わるとすべてのカラソンを畑から引き抜いて、盗まれないよう自宅の納屋に大切にしまい込み、来年の春先に備える。

そして剪定が終わると納屋のカラソンを運び出し、再びブドウ畑に立てていく。

春先といっても、まだまだ寒く雨がちな天候の中の作業で、カラソンの先端を鋭く尖らせ、雨で畑の土が軟らかくなったのを見計らって行うのである。

19世紀になると、鉄製の鍵をカラソンにかけて足で押し込むペダル式の道具が使われるようになった。これを使うことで、畑土が乾いて少しくらい硬くなっていても、以前のような苦労をしないでカラソンを刺すことができるようになった。

では以前のカラソナージュとはどんな作業だったかというと、ヴィニュロンは腹部に木の板を入れ、カラソンの上部にこの板をあてて自分の全体重をかけ、土中にぐいぐい押し込んでいくのである。土がある程度の湿り気を持って柔らかくなっていなければ、相当骨の折れる仕事だ。

そこで、この作業は雨の日を選んで行うことが多かった。晴天が続いて土が乾くと地面が硬くなり過ぎるからだ。

砂礫質の土壌ではあまり問題にはならないことだが、フランスのブドウ栽培地域の多くは、もっとも細かい粒子で構成された粘土質土壌で、土壌の堅さは水分量に左右される。

１ヘクタールの畑なら、冷たい雨の中で１万回以上もこの方法でカラソンを刺していくわけだから、途方もない作業だったに相違ない。

ブドウ畑は針金で近代化した

やがてブドウ栽培にも近代化の波が押し寄せる。

ブドウの栽培を始めた初期、畑は決して肥沃なものではなかったはずだ。栽植密度は高く、まし

牛馬を用いて耕作することで「畝」が生まれた

てや規則正しく植えられてはいなかった。

やがて畑の面積が拡大していくと、人の力で耕作するのが追いつかなくなり、牛馬を用いるようになる。そうなると、牛馬が通れるスペースが必要になり、「畝」が確立されるに至った。

１８５０年頃には、ほとんどのブドウ畑には規則正しい畝が作られていたようだ。

そして19世紀にはギュイヨ式剪定方法も確立される。１８７０年頃、いよいよ針金が登場してくるからだ。

針金の導入にあたっては、１８４０年、トロワの北東にあるブレゾワ村で栽培試験が行われ、ブドウは全方向に１・３メートル間隔（６０００本／ヘクタール）で一列に植えられた。

これが針金を使用した最初の栽培のようだ。

１８６９年にはドルドーニュ地方、ラモット・モンラヴェル地区で、１４８ヘクタールの畑で針金を用いた栽培が試みられた。ブドウは2メートル四方（２５００本／ヘクタール）に植えられ、地面から50、85そして１３０センチメートルの3段に針金を張って栽培がおこなわれたようである。この試験的導入の成果を受けて、フランス国内のほとんどの地域では、フィロキセラ禍を受けて始まった改植に伴い、現在のような垣根式の栽培が普及し、あわせて品種の概念が確立されていった。また、この頃にはボルドー樽の容量が２２５リットルに統一されていった。

ただ現在でも垣根式栽培を採用せず、昔ながらの栽培を続けている地域もある。たとえばエルミタージュ、コート・ロティやコンドリューといった地域で、針金を用いない栽培がおこなわれている。

長い歴史の中で、垣根式はまだ新しい栽培法

紀元79年のヴェスヴィオス火山の噴火で埋まってしまったイタリア、ポンペイの遺跡発掘調査の報告書のなかで、その当時のブドウ畑の様子が紹介されていたのを読んだことがある。

発掘者は、2つセットになった穴が規則的に並んでいる場所を見つけ、たいそう不思議に思った。その2つセットの穴は、縦横一定の間隔で並んでいた。

これが何だったのかを確かめるため、それぞれの穴に石膏を流し込み型をとったところ、片方は

紛れもなくブドウの根で、もう片方は先端を尖らせた杭を差し込んだ跡だった。まさにこの章のテーマであるカラソンを差し込んだ穴だったのだ。

ここからさらに周辺部へ発掘を進めていくと、ブドウ畑とそれに隣接した醸造所の遺跡が見つかった。

発掘者はこのブドウ畑の栽培方式に言及し、日本と同じような平棚での栽培だったと述べている。たしかに市街地に近い立地条件ならば、多くの人間が集ったと思われるし、夏の強い日差しをさえぎるための棚があり、そこにブドウがたわわに実っていた光景も想像できる。

しかし、当時の市民に供給する十分な量のワインを確保するためには、広大な畑が必要だったはずで、ブドウ畑のすべてが平棚だったとは思えない。

おそらく多くはゴブレ式に栽培され、各株にカラソンが1本添えられていたのではないか。

私の勝手な憶測だが、もしそうだったとするならば、古代ローマ帝国がヨーロッパ各地にもたらしたブドウ栽培方式は、このフランスにおいて、ある地域においては現在まで、また、ある地域においては針金の使用が始まるまで、何世紀にもわたって綿々と続いてきたことになる。

その途方もない歴史の長さにくらべれば、19世紀後半に始まった垣根栽培は、まだ始まって間もないもの、ともいえるだろう。

ヴィニュロンたちの四季 **第3話**

右岸と左岸の土壌と水分

ブドウの根は深く伸びるほどいいのか?

ブドウ樹の根は、地中深く伸びていけばいくほど、良質な果実、つまり、ワイン用ブドウとして高い質を備えた果実が実る——一般的にはそう信じられているのではなかろうか。

おそらくこの見解は、ボルドー左岸のオー・メドック地区に見られる砂礫主体の土壌の構造が、そこで栽培されているカベルネ・ソーヴィニヨン、そこで生産される非常に質の高いワインとあいまって、拡大解釈されていったものと思われる。

メドック地区のワインは品質が高いうえに生産量も膨大だから、あまねく世界で販売され、高い知名度を持つようになった。このため消費者は、この地域こそがブドウに約束された土地だと思うようになる。さらにワインに関心の高い人たちがメドック地区の砂礫質の土壌に注目し、この土壌の価値をリスペクトするようになったのだろう。


一方、ボルドー右岸に位置するサンテミリオン、ポムロール地区では、メルロが栽培の主体で、その土壌は粘土質が大半を占めるため、決してこの限りではない。

粘土とは、土壌を構成する土の粒子が2マイクロメートル以下と非常に小さく、また、このように小さな粒子を50%以上含む土壌を指す。

土壌の構造がこのように小さな粒子を主体に構成されていると、空気の通りが悪く、地面から1mほど深い所ではブドウ樹の根は酸素が不足して、それ以上地中深く根を伸ばすことはできない。右岸で栽培されているメルロの根圏は、左岸のカベルネ・ソーヴィニヨンの深さ約3～7mに対し、60～80cmにすぎない。

この数値は、日本の土壌構造とよく似ているように思う。

では、このように根が地中深くまで伸びない地域では、良質なブドウ果、また、それから醸造される質の高いワインはつくれないのだろうか？

そんなことはあり得ない。

右岸のポムロール地区やサンテミリオン地区には、世界にその名を轟かせる有名シャトーが目白押しに並んでいる。

確かにメドック地区の砂礫質土壌で栽培されているブドウ樹にとって、根の深さはブドウ果の質に対する証ではある。

だが、それが世界のすべての地域における普遍的な現象ではない。それをまず理解していただきたい。


では、ブドウ果の質に寄与しているのは何か？

まずは、ブドウ栽培者がブドウ果を満足のいく水準まで成熟させるうえで、いったい何が障害になっているのかを考えてみることにしよう。

ブドウが数千万年も種を維持できた理由

そもそもブドウという植物は、植物の多くの種が滅んだ氷河期を比較的温暖だった地中海地域で耐え、初期には雌の木と雄の木が別々の雌雄異株だったと言われる。

やがて自家受粉できる雌雄同株の種が誕生し、このような種が現在の栽培に用いられるようになった。

この氷河期とは、今からおよそ200万年前の第3次氷河期のことだが、ブドウの祖先は、さらにさかのぼること数千万年前から綿々と種を維持し、ときには変異から、あるいは交雑から進化の過程をたどって種を広げ、品種を広げてきた。

このように長い期間、種を維持し続けるためには、生き延びるための手段である〝何か〟を備えていなければならない。

ひとつ例をあげよう。

通常、1つの芽からは1本の新梢が現れる。しかし、ブドウの芽の中には、じつは新梢の基となる「原基」が3つほど存在する。

ブドウは新梢の伸び始めた春先に霜にあうと、その新梢が枯死してしまう。ボルドーでも遅霜で何度も大きな霜害を経験している。

しかし、それによってブドウ樹そのものが枯死したという話は聞かない。また、市場にはわずかではあるが、そのミレジムの商品を見つけることもできる。

これは、ブドウの芽から伸びた1番目の新梢が枯死しても、芽の中に控えていた2番目の原基から新梢が伸張を始め、結実し、やがて秋には収穫にまでこぎ着けたのである。

この現象でわかるように、ブドウには環境の変化に十分に耐え得る力が備わっているのだ。

多すぎる水分は生殖成長を阻害する

通常我々が目にする冬季のブドウ樹は、他の落葉樹と同じで、気温が低くなるとすべての葉を落とす。

では、四季のない熱帯地域でブドウ樹を栽培すると、どうなるか？

ある枝では果実がちょうど熟していたり、ある枝では花の咲く時期であったり、他の枝ではすでに葉を落としてしまっているといったように、同じ樹でも枝によって生育の段階が異なってしまう。

一定の温度や土壌中の養分があり、水分が満ち足りた環境では、ブドウは自分自身（枝葉）を大きくする栄養成長に傾き、子孫を残すこと、つまり、果実を充実させる生殖成長がおろそかになる。

ブドウの生育ステージは、春先の萌芽から栄養成長が始まり、ある時期から果実を充実させる生殖成長に転換する。この生殖成長を阻害する一番の原因が、土中の「水分」なのだ。

水分が多すぎると、ブドウ樹はいつまでも枝葉の成長を続け、我々の望む十分な生殖成長を成し遂げてくれない。

つまり、生殖成長に切り替わってから畑土に余計な水分があると、質の高いブドウ果が収穫できないことになる。

ボルドーにおけるブドウ畑の歴史書の中に、１８６０年から１８７０年にかけてシャトー・ディケムやシャトー・ラトゥールでは畑の土中に素焼きの土管を埋設し、暗渠（あんきょ）排水を行った――という一文を見つけることができる。

すでにこの頃には、排水不良なブドウ畑から土中の水分をどうやって抜くか、工夫をこらしていたのである。

水分を求めて深く根を張るメドックのブドウ

ボルドー左岸、オー・メドックの土壌の組織は砂や礫が大半を占め、粘土分は非常に少ない。この土壌の断面構造がどうなっているかは、あまり脂身の入っていない霜降り肉の断面を想像していただくとよいだろう。

赤身の部分は砂礫質。目が粗く、地表に降った雨水を容易に通してしまう。赤身のあちらこちらに点在する脂身に相当するのが粘土層だ。粘土層は、降雨時に砂礫の間を容易に下ってきた雨水を蓄える小さな水がめだと思って頂きたい。

ブドウの栄養成長期、ボルドーにおいては7月中下旬までの生育期間、ブドウの根は水を求めて地中に伸びていくが、すき間の大きい砂礫土壌に十分な水は存在しない。水を求めてさらに下に伸びていくと、そこに粘土層の不透水層を見つけて根を張る。

しかし、この粘土層は非常に小さく、ブドウ樹に十分な水を供給できない。根はさらに別の不透水層を求めて下へ下へと伸びて行き、また新たな粘土層を探しあてる。

こうして根の深さは、前述したように3～7ｍに達するのである。

不透水層に蓄えられた水は、すべて冬季から春先までの降雨によるもので、不透水層自体が小さいから大量の貯水源ではないが、その後の生殖成長期から収穫までの間、ブドウ樹への水分供給源としての役割を果たす。

生殖成長に入る頃から、ボルドーの気候は乾期の様相を呈してくる。

不透水層に根を張ることができず、周辺の土壌の間隙にわずかばかりの水分を求めていたブドウ樹は、やがて水分不足に陥ってしまう。

一方、わずかでもこの層に根を張ったブドウ樹は、この不透水層から決して多くはないが安定的に水分の供給を受け、夏期の乾燥に負けることなく、質の高い果実を生産するに至る。

このような条件下で生きているブドウ樹の根は、不透水層周辺のみに根を張り、それ以外の砂礫部分には根圏を形成しなくなる。

メドックは過度な水分を垂直方向に逃がす砂礫質

１９９５年、この年は春先から降雨量が少ないまま夏を迎えた。不透水層のあまり存在しない畑を所有するシャトーの一部では、８月に入るとブドウ樹が乾燥に耐えきれずに葉を黄色に染めはじめ、やがて落葉させていった。

この区画のブドウ樹は、この時点でブドウ果の成熟を止めてしまったわけで、収穫時に十分満足のいく果実を得ることはできなかった。

このような例を見ると、砂礫土の地中に不透水層が少なからず存在するオー・メドックの畑がいかに優れているか、実感できる。

土中の水分保持に恒常性があるということは、我々にとってもう一つ重要な意味を持っている。ボルドーの気候はもちろん毎年同じではないが、9月に入ると、それまでバカンスを満喫した連日の晴天とは様変わりして、雨がちな天気がつづく。熟期の早いメルロは、そろそろ収穫を始める季節だ。ここオー・メドックの栽培品種は赤品種がほとんどで、何よりも健全で、ワインに適した熟度の果実を収穫するのが絶対条件であるにもかかわらず、この9月の降雨は灰色カビ病を呼び、また蔓延させる主原因となる。

ブドウの果粒は十分な果汁を含み、果粒どうし押し合いながら収穫を待っている。

そこへ雨が降ったらどうなるか。夏の間は乾燥気味だったから、ブドウの根はこれ幸いとばかりに水を吸い上げる。

その水分の行き着く先は果粒で、過剰な水に耐えきれなくなった果皮は破れてしまう。灰色カビ病にとってこの亀裂、そして降雨による湿度は願ってもない繁殖の好条件。またたく間にその菌の密度を増大させる。

こうなったら一刻も早く、急いでブドウ果を収穫しなければならない。その時点で果実の熟度に満足がいかなくても、である。

ところが、根が地中深く伸びたブドウ樹は、この降雨の影響を極端には受けなくてすむ。

地面に降り注いだ雨は、目の粗い砂礫質を垂直に下っていき、やがて最下層の不透水層に到達すると、そこから畑の外へ流れ去っていく。過度な水分は、速やかに垂直方向に根圏外へ排出される構造になっているのである。

途中に存在する不透水層の水分保持能力は大きいものではなく、夏の乾燥期に細々と水分供給を受けていたブドウの根が、急激に水分を汲み上げるほどの量ではない。

これはすなわち、収穫間際の大切な時期の気象、とくに降雨の影響に対し、非常に緩衝力のある構造になっているということだ。

このような土壌で育つブドウ果は、降雨で簡単に割れるようなことはなく、結果的に非常に健全で、しかも適度に熟した状態で収穫を迎えることができる。

ここに土壌の差、ひいてはそれから出来上がるワインの質の差が現れてくるわけである。

ポムロールは過度な水分を水平方向に逃がす粘土質

次に右岸の土壌について見てみることにしよう。

ポムロールに代表される粘土質土壌では、ここで育つブドウ樹は根圏が浅く、降雨の影響を受けやすい。今まで述べてきた左岸のオー・メドックとは正反対のように感じられるかもしれないが、ここではこの地の粘土鉱物の特徴に注目したい。

ポムロールの粘土鉱物の種類はモンモリロナイトといって、水分を吸収すると著しく膨張する性質を持っている。

また、粘土土壌であるから、地中の深いところは非常に密であり、根の生存に必要な空気が非常に少ないため、そこまで伸びていった根は窒息死してしまう。

毎年この状態が繰り返されるものだから、ブドウ樹の根圏は極端に制限され、一定の範囲を保ち、それ以上は広く根を張れない。

乾燥に対しては、粘土土壌であるから水持ちがよく、制限された小さな根圏から過度に水分を吸収することもなく、比較的安定している。

さて問題の雨に対してはどうか。

先に触れたように、ポムロールの粘土鉱物は水分を吸収すると膨張する性質を持っているから、雨が降り出すと表面の粘土が膨張し始めることですき間が埋まり、土壌は高い防水性を持つことになる。

こうなると、これ以降の雨は土中に浸透することなく、畑の表面を流れ、やがて畑の外に排出される。

◇　◇　◇

過度な水分に対し、左岸のオー・メドックの土壌は砂礫を通し垂直方向に逃がし、右岸のポムロールの土壌は地表で遮断し水平方向に逃がす。

適度に成熟した健全な果実を収穫するためには、それを邪魔する過度な水分をいかに畑に入り込ませないか、またいかに速やかに畑の外に出してしまうかが、重要なポイントになる。

オー・メドックとポムロール、この両者の土壌の物理性はまったく異質でありながら、また降雨の受け流し方もまったく異質でありながら、ブドウ樹の生理に対してはまったく同じ作用をおよぼしているのである。

オー・メドックに位置するシャトー・レイソン全景。周囲をブドウ畑に囲まれている(PHOTO P. MIRAMONT)

ヴィニュロンたちの四季　**第4話**

ヴィニュロンたちの会食

ブドウの生育が遅いため実現した会食

5月上旬、南の高気圧が勢いを増し始め、気候は一気に初夏になった。それまで日中の最高気温は17℃程度だったのが、ある日を境に28℃まで上がるようになった。遅霜のために枯葉をまとっていたプラタナスの枝先が、急に青々と葉を茂らせ、ブドウ畑では、長らくの足踏み状態から一気に解き放たれた新梢が、朝と夕でその長さの違いがわかるほど勢いよく伸び始めた。

とはいえ、今までの寒さがたたってブドウの生育はなかなか進まず、ここ数年のうちでは一番遅れていた。萌芽から展葉が始まり、第1回目のうどん粉病に対する薬剤散布は、ここ数年4月上旬だったのが、今年は5月5日となった。

しかし、考えてみれば今年が普通なのだ。ここ数年は、世界的な温暖化傾向の現われか、例年に比べて早熟傾向で、我々は知らず知らずのうちにその作業時期に慣れてしまい、今年は良好なミレジムの狭間に時として存在する厳しい年の幕開けか、と早合点してしまったのだ。

今年は久々に作業の進捗に余裕があり、従業員の提案を受け、皆で会食を行うことになった。普通この時期に会食は行わない。いつもは、夏の炎天下での仕事が一段落し、明日からバカンスという時と、秋の忙しい仕込みが終わった時の2回、皆で食卓を囲むのが習わしだ。

新梢の展葉が2～3枚程度と生育は遅々とした歩みを続けており、次の作業の「芽掻き」までもう少し待とうと思った頃、会食の日を5月7日と決めた。食事の準備は女性の従業員がしてくれ、いつもは牛か鴨が食卓を賑わせるのだが、今回は他国の料理を味わってみようと、コック出身のアブデールが自慢の腕を振るうことになった。メインの料理はパエリアだ。

それまで皆の話題は、遅霜の心配に終始していた。暦の上では5月11日から13日までの3日間は「氷の聖人」と呼ばれ、最も寒い夜の訪れる期間とされている。この時期は、誰もが1991年春先にボルドーを襲った霜害の再発を危惧する。

いざ会食の日、朝から一片の雲もなく晴れわたった。気温もぐんぐんと上がり、午前中で仕事を終えて皆が集まりだした午後1時には、温度計が25℃を示していた。昨日まではセーターの上にジャンパーを着て働いていたのに、この日からは半袖で十分な陽気になったのだ。

よい匂いが食堂からただよい始めた頃、会食はアペリティフ（食前酒）でスタートする。シェフのクリストフが、一人ずつ好みの酒を聞きながら注いでまわる。ウイスキー、リカー、ポルト、ピノ・デ・シャラント、それに南仏のマスカットワインなど、色々と取り揃えてあるが、一番人気はアニスの酒「リカー」。ボルドーに来てリカーを飲み始めた頃は、舌が痺れて驚き、決して美味しいとは思えなかったが、今では決まってこれを選ぶようになってしまった。慣れとは恐ろしいものだ。女性たちの人気は、南仏の「ムスカ・ドゥ・ボーム・ドゥ・ベニーズ」に集中した。

アペリティフの間、仕事上の愚痴をこぼしていた連中も、前菜が食卓に整いだすと急に話題を変え、食事を楽しみ始めた。アントル・ドゥ・メールの白ワインとアンジュー・ロゼの2種類がそれぞれ注がれる。この頃から皆の話題はワインへと移っていく。ボルドー産の果実の風味をほめる者もいれば、前菜とロゼの相性を主張する者もあり、軍配はロゼに上がった。

メインのパエリアがサービスされる頃には、酒の勢いも手伝って相当な騒ぎになってきた。

チーズを食べ終えるまでの間には、我々のワインの他、近隣のシャトーのワイン5種類の栓が次々に抜かれた。それらを飲み比べては、「これでコンクールのメダルを取ったのか、信じられないな」「これならこっちの方が絶対上だよ」「これは樽の香りしかしない、おまけにタンニンが強すぎる」などと言い合いながら、各自が自分たちのシャトーの良さを改めて確認する。

我々のワインのボトルには、自分たちが汗水たらして畑仕事をし、良いブドウを収穫できた達成感や、一番つらいタンクからの引き抜き作業を耐えてきた思いのすべてが込められている。同じ年の他のシャトーのワインと比べれば、思い入れははるかに深い。

しかし、彼らの評価は決してそれにこだわらない。思い入れが強すぎて自分たちの欠点を見落としてしまうことはよくあるが、彼らは実に真剣に、しかも適切に評価しあう。

何年も何年も、この地でブドウを育て、ワインをつくり続けている彼らは、より正しい認識を持つことが、より良いワインをつくり続けていくために大切なことを、十分知りつくしているのだ。

ヴィニロンたちの会食

やがてデザートが食卓に彩りを添え始めると、それまで話の中心にいたフランクが突如ナイフを持ち出し、片手にシャンパーニュのボトルを抱え「シャンパン・ル・サーブル」を始めた。「ポン」という心地よい響きとともに、欠けたガラス瓶を纏ったままのコルク栓が宙に舞った。

これを合図にあちこちでシャンパーニュの栓が勢いよく開けられ、我々の宴はこれからさらなる盛り上がりをみせ、延々と続いた。

ヴィニュロンたちの四季　**第5話**

除葉

6月下旬、メルロの果粒は大豆(ダイズ)粒程度の大きさになり、若干晩熟なカベルネ・ソーヴィニヨンの果粒は、マッチ棒の頭程度から小豆(アズキ)粒大に育ちつつある。

生育状況は例年にくらべて遅れぎみだが、この好天が続けばこれもすぐ回復する事だろう。

芽かきは、いつ行う作業か？

ブドウ畑での仕事は、冬季に芽そぎを行わなかった区画の芽かき作業が一段落したところだ。

不要な芽を取り除く作業を「芽かき」というが、ひとくちに芽かきと言っても、ブドウの各生育ステージに応じて作業にはいくつかの種類がある。

まず、冬季の剪定時にあわせて行う「芽そぎ」だ。日本では聞き慣れないが、24ページの写真のように、秋冬の休眠期の枝から芽をそぎ取っていく。

次は、ブドウの台木や立ち上がっている主幹から伸び出した不定芽をかく作業で、「台芽かき」や「不定芽かき」とも呼ばれる。

そして、同じ時期に結果母枝から出ている芽を適正な数だけ残したり、また樹形の乱れる原因となる不要な芽を取り除く作業。この作業は普通に「芽かき」と呼ばれる。

冬の間に剪定と同時に芽そぎを行う、あるいは新梢が伸び出してから芽をかくという作業時期の違いは、作業者の考え方による。

どちらも目的は同じで、比較的時間のとれる冬季のほうが、芽かき作業に労力を割きやすい。遅霜等が発生するリスクのある地域では、発生の心配がなくなるギリギリまで待ってから行うほうが、リスクをさけられる。日本ではほとんどが、後者の作業形態をとっている。

管理するブドウ畑の面積が広大であればあるほど、新梢の伸び始める時期、芽かき作業などに費やす時間的な余裕はなくなってしまう。

日本の場合は1人あたりの耕作面積が狭いので、この時期に作業しても十分間に合うのであろう。さらにステージが進み新梢が伸びていくと、同じ芽から2本の新梢が伸びている場合がある。この片方の新梢を掻きとることを「副芽かき」という。

最後は、新梢のわき芽から伸び始めた副梢を掻く作業、いわゆる「エシャルダージュ（副梢掻き）」がある。

私が「除葉」という用語を作った理由

ブドウ畑の作業は芽かきに続き、新梢の「誘引」、伸びた新梢の先端を切り取る夏季の「摘芯」、そしてブドウの房周りの環境を良好に保つための「除葉」へと移っている。

ここで一つ断っておきたいのは、第5話の表題にも用いた「除葉」ということばは、国語の辞書には載っていないことだ。醸造用のブドウ栽培のために私が使い始めた造語である。

キャノピー・マネージメント（果房周りを含む新梢部位の栽培管理）はアメリカで1980年代に提唱され、日本でも知られるようになってきた栽培技術だが、この手法のひとつに、房周りの環境を良好にするための「リーフ・リムーバル」（除葉）がある。

これは、私がカリフォルニア大学デイヴィス校に留学したとき（1988〜1990年）の研究テーマのひとつでもあった。

幼果期に行われる除葉

日本の農業においては、摘心、摘花、摘葉、摘房など、取り除いて数を減らす作業に「摘」の字をあてる。ブドウ栽培においても同様で、日本で一般的な平棚による栽培では、房上部の葉群を薄くする作業を摘葉と呼んでいた。

海外のワイン産地では、一般的な垣根式栽培における摘葉は、房まわりの葉群をすべて取り除く作業を指す。ただ、それを同じく摘葉と呼んでしまうと、「摘む」という穏やかな表現では、どうにももの足りないように思えた。

垣根式は、当時の日本ではまだ珍しかった栽培形態で、管理のしかたも平棚とは異なる。そして何より、科学的な裏づけのある理論に基づいた新たな作業なのだから、もっと積極的でインパクトのある表現はないだろうかと考えた。

そこで考えたのが、「除葉」ということばである。これが、後に醸造用ブドウの栽培者の間に広まっていき、平棚による醸造用ブドウ栽培でも使われるようになった。

摘葉という用語は今でも使われているし、生食用ブドウの生産者は、従来通り「摘葉」を使う人が多いが、醸造用ブドウの生産者やワイナリーのスタッフの間では「除葉」が一般的に使われている。

カリフォルニアで生まれたキャノピー・マネージメント

カリフォルニア大学デイヴィス校で授業を受け始めた頃、ブドウ栽培学の講義の中に「キャノピー・マネージメント」という、聞きなれない言葉があった。

早速辞書を引くと、キャノピーの和訳は天蓋(てんがい)とあった。

ほとんどが垣根式で栽培されている現地のブドウ樹にあてはめてみると、確かにブドウ果実の上に、葉っぱがランプのシェードのごとく覆い被さっている。なるほど、ブドウの樹の天蓋のようだ。

つまり、キャノピーとは、ブドウの果房周りから新梢全体の葉っぱの茂った部分を指す。

キャノピー・マネージメントとは、ブドウの生育期間を通じ、この部分の環境が良好であり続けるよう、ブドウの健全な生育を支援する、ということなのであった。


それまでのカリフォルニアにおけるブドウ栽培は、どちらかというと枝葉が伸び放題、放任されたままの畑がほとんどだった。

まるでジャングルのように枝葉が果房を覆い、太陽光があまり差し込まない葉群内部の空間にブドウの房が存在していた。

生育期間にあっても内側の日陰にある葉は太陽光をほとんど利用できず、黄色く変色し、本来の役割を担えない状態にあった。

このようなブドウ樹から収穫される果実は、青臭みが残り、タンニンが未熟で、決して高い評価を得られるようなワインにはならなかった。

キャノピー・マネージメントという概念が発信された背景には、このような状況を改善し、ワインの品質を向上させたいとの産地の強い想いがあった。

1986年8月、カリフォルニア大学デイヴィス校にて第22回国際園芸学会が開催され、これに関連して、同校のマーク・クリーヴァー教授が中心となって「ブドウのキャノピー・マネージメント」国際シンポジウムが同時開催された。

シンポジウムのテーマは「ブドウ樹の微気象、ブドウそしてワインの品質を改善するためのキャノピーと生育管理の実践」。世界中から500人を超える科学者と業界のメンバーが参加し、このテーマに関心が高まってきていることが十分にうかがえる出来事だった。

会場では、ブドウのキャノピー・マネージメントがおよぼす影響について、さまざまな実験結果が紹介され、キャノピー・マネージメントの重要性が、世界的な関心事となるきっかけとなった。

このシンポジウムは、まさにキャノピー・マネージメントという概念が世界を席巻する始まりだったといえるだろう。

今振り返ると、カリフォルニアにおけるワイン用ブドウ栽培の様相、さらにワインの品質は1986年以降、劇的に変化したのだが、その起点になったのがこのシンポジウムであったことは、明らかな事実だろう。

ここで提唱された「キャノピー・マネージメント」ということばは、クリーヴァー教授による造語だ。教授は、今では世界的な銘醸地となったカリフォルニアのブドウとワイン品質向上において、最大の功労者の一人であるのは間違いない。

そしてその影響は、世界にまたたく間に拡がっていったのである。この時代に教えを受けた人間として、教授の功績に心より敬意を表したい。

クリーヴァー教授が研究したのは、糖の合成と異化作用、アントシアニン、有機酸、そしてアミノ酸に対する光と温度の影響についてだ。

ブドウの窒素利用に関する研究を重ね、アミノ酸の合成と果粒への蓄積に光が果たす役割を解明し、垣根形状のデザインとキャノピー・マネージメントにより、ブドウの葉面積密度を管理することの重要性を示した。

たとえば醸造専用品種の場合、1kgの果実が十分成熟するためには、0・8㎡〜1・4㎡の葉面積が必要であるとした。

1本の新梢の中でも、基にある葉と先端の葉また副梢の葉など、葉齢の若い葉の方が重要であり、光合成の能力が高いこともわかった。

また、とくにカベルネ・ソーヴィニヨンなどは、果実の早い段階で最大の葉密度に到達することを発見し、たとえば除葉や先端の摘芯などの管理作業は早期に行う必要性も示した。

さて、キャノピー・マネージメントが理解され、広まっていく大きな変化の前後を見てみることにしよう。

１９８０年代半ばまで、カリフォルニアのブドウ栽培は、栽植密度、畝の方向、そして栽培様式に至るまで、どこもほとんど同じような形態だった。

これはレーズン業界で採用されていた伝統的な栽培様式。カリフォルニア・スプロールと呼ばれるもので、結果母枝を両側に伸ばし、東西方向に作る畝には、支柱に対して横に這う結果母枝を支えるワイヤーと、その上部に新梢を支えるワイヤーの２本だけが引かれる。これは畝間に紙トレイを置き、ブドウの天日乾燥を容易にするためだった。

畝間は３・１ｍから３・４ｍ、畝の樹間は１・８ｍから２・４ｍもあり、栽植密度は１ヘクタールあたり約１２００本から１８００本。畝間も樹間も、現代の基準からするとかなり間隔をあけていた。これは、かつてカリフォルニアで多く使われていた台木ＡＸＲ＃１の樹勢が旺盛だったことや、栽培管理に使用するトラクターなどの作業機械が大型だったことによる。

ところが１９８６年のシンポジウムをきっかけに、キャノピー・マネージメントを意識した近代的なワイン用ブドウ栽培様式のデザインが誕生した。

以前にくらべ生育を抑えた栽培になり、畝の方向も東西から南北へと変わる栽培様式のパラダイムシフトがおこったのである。

生産者は急速に狭い畝を採用し、ブドウの樹間を狭め、現在一般的に見られるような垣根栽培（ヴァーティカル・シュート・ポジション＝ＶＳＰ）を採用し始めた。

これが急速に進んだ背景には、１９８０年代のカリフォルニアで「バイオタイプＢ」という新種のフィロキセラがまん延したことがある。生育旺盛なＡＸＲ＃１はこれに耐性がなかったため改植され、これに伴い生育の穏やかな台木に変更していったことで、新たな垣根栽培の基盤が育まれたのだ。

また、土地や土壌も栽培条件として認識されるようになり、肥沃ではない土地や土壌の深度などにも関心がおよぶようになった。

このように見ていくと、１９８０年代後半から、カリフォルニアのワイン用ブドウのブドウ畑の設計には、２つの大きな変化が見られたことになる。

最も根本的な変化は、ブドウの栽植密度の増大だ。

通常１ヘクタールあたり１２００本から１８００本の範囲だった栽植密度が、２０００本から４０００本程度まで高まり、土地利用効率が改善されるとともに、ＶＳＰ（ヴァーティカル・シュート・ポジション）への移行が迅速に進んだ。

そして、畝間や樹の間隔を縮めることが、ブドウそしてワインの品質向上に非常に効果的であることが証明された。

もう1つの変化は、伝統的な東西方向の畝から南北の畝に変わったことだ。これは、太陽光の受光効率が、東西の畝にくらべ約15％程度改善されるという報告によるもので、これ以降、南北の畝が推奨されることになる。

さらに、高温の地域で午後の強烈な日差しがある場合は、日中の最高気温が最も高くなる時間帯（午後2時から3時）に、日射が畝に対して垂直になる畝、すなわち真の南北ではなく北東から南西方向に向かう畝の有用性も報告され、選択肢が増加していった。

垣根の資材についても、コストと耐久性から改善がなされ、１９８０年代後半の垣根設置における優先材料として、金属製材料が木材に取って代わっていった。

太陽の光について面白い研究がある。ある研究者が野菜の種を用い、発芽時の光の役割について報告をした。

通常、我々の見ることのできる可視光の波長の外側には、波長の短い紫外光と、波長の長い赤外光がある。発芽に影響を与えたのは、波長の長い赤色光（可視光）や赤外光の方だった。赤外光にも波長の長い赤外光、そしてそれより少し波長の短い近赤外光があり、この割合が重要だということもわかった。

この野菜の種子は、発芽するときの条件を赤色光の波長で感じとり、その割合がある条件を満たしたときに発芽したようである。つまり、光の作用により動き始めたのだ。

光について、もう少し説明しよう。

太陽の位置と大気の層の関係

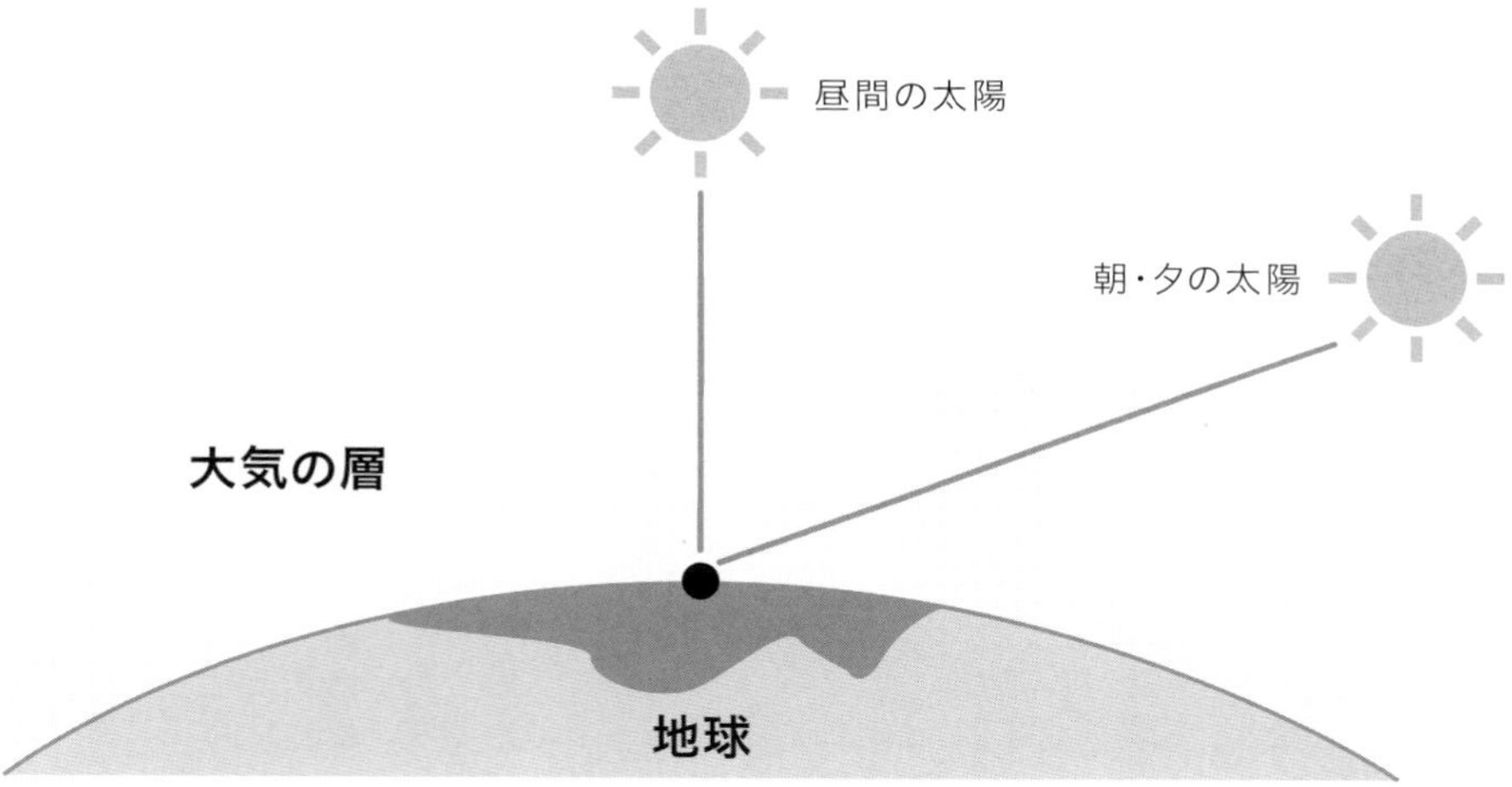

昼間の太陽

朝・夕の太陽

大気の層

地球

我々が住んでいる地球は大気の層で覆われている。太陽光はこの大気の層を通過して地上まで到達するが、地球は球形をしているので、上図のように昼と朝夕では太陽光が大気を通過する距離に大きな違いがある。つまり、正午に通過する大気の層が最も薄く、斜めに差し込む朝夕は大気の厚い層を通り抜けなければならない。これが地上で受ける太陽光の波長域を左右する。

太陽が真上にある正午頃は、大気の層が薄いため、すべての光の波長域がある程度まんべんなく降り注ぐ。いわゆる昼光色で物を見ることができる。

ところが朝夕は、朝は朝焼け、夕方は夕焼けで空が赤く染まるように、波長の短い青や紫は厚い大気層を通ってくる間に散乱して地上に到達しにくいため、波長の長い赤やオレンジの色調が強く見られるようになる。

太陽から降り注ぐ光は、一日のうちにこのようなサイクルを繰り返す。植物の種子はこのサイクルを感じとって体内時計代わりに使い、発芽に至る。

発芽の課程では酵素が介在し、種子の貯蔵物質を他の物質に変え、さらに別の酵素が異なる組成の物質を作るというように、次々にさまざまな酵素が物質を構成していく。

この酵素を作り出すためには、それぞれ遺伝子が関与しており、1つの酵素タンパクには1つの遺伝子が関与していることから、「一遺伝子一酵素説」なるものが存在する。まさに、太陽の光は遺伝子に作用しているのだ。

この関係をブドウにあてはめると、ワインをつくるために使用するブドウの房にも、絶対に太陽の光が必要だと考えられた。

今までは太陽光を遮られていたために、ブドウ本来の素晴らしい形質を発現できずにいたのかもしれない。ましてや今まで太陽の光を利用できず黄色く変色してしまっていた葉にも、十分な光をあてるべきではないかと思われるようになった。

このように、キャノピー・マネージメントとは、ブドウ樹に対する光の重要な役割に着目し、その光を最も利用する葉群、つまり新梢管理のあり方を考察し、果房周りの微気象を良好に整えることを目指す考えなのである。

そもそもブドウを含む植物一般は、光を利用して光合成を行い、その植物の成長に必要な物質を合成している。

我々ブドウを栽培し、その果実からワインをつくろうとしている者の目から見ると、光合成の働きは、必要とする果実への必要とする成分の供給源として、絶大なものに映る。太陽光はブドウの葉を通し、果実に、そしてワインの品質に、影響を与えているのである。

さて、先ほどから新梢ということばを使っているが、ここでは結果母枝から伸長した新梢、葉、果実などすべての部分をまとめて「新梢」と表現している。

新梢管理として行うのは、光を必要とする葉群に対し、この密度を適正な状態に整えること、さらに果房周りの微気象を良好な状態に管理することだ。

また「微気象」ということばは、キャノピー・マネージメントの概念が生まれるまでは、ブドウ畑の各区画の地形の違いや、条件の異なる状況に対して使われていた。

しかしキャノピー・マネージメントでは、あくまでブドウの房周りに限定して使われる。

そこで、ミクロクリマの定義は房周り、メソクリマは10～１００メートル、マクロクリマはキロメートル単位の状況を指し示す言葉として使われるようになった。

除葉は何のために行うか？

除葉の方法は、ただ房周りの葉を取り除けばよいわけではない。

最上部の果房までの葉を掻きとり、その一節上の葉は残し、副梢は掻きとる。

一連の作業を行うときは、葉の葉柄の基にあり、次年度に新梢を伸ばすわき芽を傷つけないように注意しなければならない。

ブドウの畝が南北に引いてあれば、その東側の側面を除葉する。また、畝が東西に引いてある場合は、その北面側だけ除葉する。

もし、西面や南面を除葉してしまうと、ブドウの果房は午後の強い日差しに晒されてしまい、かえってその質を下げてしまうことになる。

残された側面の葉はすべて残したままにしておくかというと、必ずしもそうではない。また、その年のミレジムに応じ、両面除葉することもある。

畝の片側だけを除葉した場合、1本のブドウ樹の葉面積の約15％程度を失うことになる。

両面を除葉すると約30％程度を失うことになる。

葉面積が減る分は、たとえば垣根の高さを高くする。または新梢の先端を摘芯する作業時に、以前より新梢の高さを確保するなど、どこかで補わなければならない。

しかし、この除葉により、それ以降の副梢の生育伸長が促され、除葉後約2週間でおおよそ除葉した葉面積の約50％程度の回復ができるとする報告がある。

ただ遅い時期での除葉では、この回復はほぼゼロであるという。

また開花期に行う除葉によって結実に与える影響はなく、さらに熟期においてもその影響はほとんどない。

房周りの除葉

除葉が行われていない状態

除葉が行われている状態。果房に太陽光が届いている

除葉では作業時期をいつにするかが非常に重要だ。

除葉の効果を得るためには、一般的に開花結実直後の実止まり決定時期がよいとされる。ヴェレゾーン期で実施しても、ほとんど効果がないことがわかっている。

早期除葉のメリットは、早いうちから太陽光に曝されることで果皮が強くなることで、灰カビ病への耐性も向上する。

一方で雹（ひょう）のリスクは上昇するが、日焼けに対するリスクは早期除葉を行うことで低減できる。日差しがある程度弱い段階から徐々に太陽に曝していくと、夏の強い日差しに耐えうるブドウ果皮が構成されるのだ。

遅い除葉では、突然強い日差しにブドウ果が曝されることになるため、日焼けを起こしやすい。両面除葉では当然そのリスクも上がることにはなる。

除葉作業は開花が一段落し、果粒の実止まりが決定した頃を見計らって始めるが、この時期になると、新梢の葉のうち、房周りから下の葉の働きが劣ってきて、代わりに房から上の葉群が活躍し始める。この時期の果実は房周りから上の葉群だけで十分成熟できるため、少々働きの劣ってきた葉を取り除くことにする。劣るといっても光合成能力は維持しているのだが、残しておくとデメリットになる。

それは果房に射す太陽光を遮り、かつ風の通りを阻害してしまうという問題だ。

実はこれらのメリットとデメリットを天秤にかけ、どちらが有利かを見極めた結果、除葉を行う方がはるかにメリットを得られるという結論に達したのである。

除葉にはどういう効果があるか？

それでは除葉の効果を1つずつ見ていこう。

効率のよい薬剤散布ができる

まずは薬剤散布の効率アップだ。

ブドウが実止まりし、果粒がマッチの頭の大きさくらいになって除葉を始める時期は、病害や害虫による食害を防ぐため、薬剤の散布を行う時期でもある。

病害防除の観点からは、ブドウの開花が終わり、果粒が肥大し始める頃からヴェレゾーン（硬核期）にかけての間、つまり「幼果期」の防除が非常に重要だ。

病菌の感染が始まるのはこの時期で、菌密度はまだ低い傾向にある。薬剤散布を実施してもしなくても、短期的な病害発生は見られない。ところがここで防除しておかないと、感染が進み、菌密度が増大する。

ヴェレゾーンを過ぎ、感染した部分から病徴が現れ始めたときには、もう遅い。いくら薬剤を散布しても、病菌が果粒の中に入り込んだり、肥大して密着した果粒内側の果梗に潜んでしまい、手の施しようがなくなる。

病菌が密度を増した状態になれば、それ以上防ぎようがなくなり、病害の大発生を許すことになる。

そこで、薬剤の効果が視覚で感じとれない幼果期に、果房の周りの葉を取り除き、薬剤散布時に薬液が効率よく薬群や果房内部にくまなく届くような状況を作り出すことが、非常に大切なのだ。

散布の回数を減らすことはできないが、そうすれば、少量の薬剤でも十分な防除効果が期待できる。

もし何枚もの葉が果房を覆っていれば、薬液は内部まで到達しにくく、これを補おうとして多量な薬液を散布することになってしまう。

ちなみに除葉した区画と除葉しない区画の病害発生状況を比べると、病害が多発した年でも除葉した区画の方が被害は2分の1程度に抑えられたという報告もある。

ワインの質が向上する

次に黒ブドウの果房に太陽光を当てる効果について見ていこう。

ソーヴィニヨン・ブランにおける各処理と灰カビ病発生の状況
(出典:UC Davis)

	新梢先端切除	除葉	新梢間引き	対象区	平均
薬剤散布区	44.10	16.90	47.00	46.80	38.70
無散布区	47.40	23.90	42.90	55.00	42.30
平均	45.70	20.40	44.90	50.90	

※開花時期にロブラールを散布

たとえば除葉して太陽の光をほどよく浴びた果房と、日陰で育った果房をくらべると、果皮の色素の量は前者のほうが多く、その色素も醸造中のワインの方に移行しやすい性質になっている。一方、後者は色素の量が少ないだけでなく、果皮から溶出しない性質のままだったりする。つまり、太陽光を浴びた果実のほうが、しっかりした色調のワインになる。

また果房に太陽光が当たることで、ポリフェノールのポテンシャルがアップし、ワインの質にも影響を与える。

早期除葉したブドウから赤ワインをつくると、初期の酒質は遅い除葉区のほうが評価が高いが、熟成した後はより複雑で、タンニンが柔らかく豊かで、バランスがとれたワインになり、評価が逆転するという。

品種の特徴を表す香りについても同じことがいえる。

柑橘の香りに代表されるチオール類は、ミレジムに影響を受けることが大きいが、同じミレジムなら除葉した区画のブドウの方が香りの前駆体の蓄積には効果があるようだ。

葉が光合成に利用する太陽光の波長域は、通常人間が見ることができる可視光の範囲である。この可視光の波長のうち、葉群が吸収するのは「長波長光＝赤」と「短波長光＝紫・青」の2つの波長域の光で、キャノピー上部の葉が吸収してしまうと、その下もしくは葉の陰になる部分は本来とは異なる波長で構成される光を受けることになる。

つまり直射日光にある赤色光と近赤外光の比率、また光のエネルギーが、葉を通過するたびに変わってしまう。

この太陽光の比率の変化は一般に、ブドウ果の生理的なシステムと、色素の発現、また香りの蓄積に影響を与えることになる。

太陽光のもう1つの効果として、物を温めることがあげられる。

葉も果房も太陽光を受け、その温度は上昇するが、葉には気孔があり蒸散によって放熱することができる。しかし、果粒はその機能が少ない。

このため、果房の温度上昇に比べ、葉群の温度上昇は控えめになる。外気温にくらべ最大約5℃程度低く抑えられることもあるという。

また夜間は放熱され、果房の温度は外気温より最大約3℃程度低くなることも確認されている。暑い夜に掛け布団のある無しの違いに例えるとわかりやすい。

このように空気のこもらない葉群を形成している畝は、枝葉の繁茂している畝にくらべ、湿度が若干低い傾向にある。このことにより、灰色カビ病等、病害の発生を低減することができる。

葉群の内部と周辺部ではこのようにミクロな気象状況が違ってくる。微妙な湿度の違いは降雨後の水分の消失状況、速度等にも影響を与え、病害発生に対し重要であることがわかる。

未熟臭が減る

最後に、赤ワインの未熟臭と評価される臭いの低減効果について見ていこう。

この臭いを感じさせる物質は、ＩＢＭＰ（イソブチル・メトキシピラジン）という。一番わかりやすいのはピーマン、またジャガイモを包丁で切ったときに感じる臭いだろうか。

この物質がブドウの樹のどこに一番多いか濃度を調査すると、新梢基部の葉に最も多く含まれていることがわかった。はたしてこの葉から果実への移行があるのだろうか？

これについてはまだ解明されていないが、この葉を残すデメリットと、取り除くことによるメリットを考えれば、選択の余地はない。

次に多く含まれているのは果梗や小果梗だが、通常これらの部位は仕込みの際の除梗作業により取り除かれる。除梗作業は青臭さ低減作業なのだ。

ブドウ一房に、この物質がどのように分布しているのかを調査した結果がある。

果梗53・4％、果皮31％、種子15％、そして果肉が0・6％だ。

このように梗の部位に多量に含まれていることから、現在では除梗で取り残した梗をさらに確実に取り除くため、選果台が用いられている。選果においては、当然、病果や他の夾雑物を取り除くことも重要な前処理であり、ワイン醸造に携わる人間は皆、少しでもおいしいワインをつくるために惜しみない努力を注いでいる。

さて、梗が取り除かれ、いよいよワインづくりに使われる果粒で見ると、分布の割合は果皮67％、種子32％、そして果肉に1％という内訳になる。

ちなみにイソブチル・メトキシピラジンは水溶性なので、ブドウが除梗破砕され、タンクに収まった時点で速やかに抽出される。

その後の醸し温度や期間、またピジャージュやルモンタージュによる液循環作業による作業環境は抽出に影響しない。

つまり、ワインの未熟臭を防ぐには、果皮に含まれるイソブチル・メトキシピラジンの量をいかに低く抑えるかにかかっており、除葉による低減効果がいかに重要であるかが理解できる。

イソブチル・メトキシピラジンは光に対する感受性が高く、紫外光によって分解されるようだ。分解されると2・3メチル・メトキシピラジンという物質になり、これも同じピーマン様の臭いなのだが、人間が感じるためにはイソブチル・メトキシピラジンのおよそ2000倍の濃度が必要になる。

つまり、太陽の光は青臭さを2000分の1に低減してくれることになる。

このような事実が解明されるようになり、除葉はますます市民権を得るようになった。

その後さまざまな研究がなされ、果皮のメトキシピラジンの減少は果実のリンゴ酸の減少とほぼ同じ曲線を描くことが発見され、さらにメトキシピラジンの生成は降雨による土壌中の水分が影響を与えていることもわかった。

除葉はボルドーに、世界に、広がった

デイヴィス校での留学が終わり、家族は日本へ、そして私はカリフォルニアを出発し、一路ヨーロッパへ向かった。

ボルドーに到着し、シャトー・レイソンで初めての仕込みを行ったのは、1990年だった。

この頃、一般的には、ワインの青臭い臭いが欠点だとは認識されてはいなかった。

シャトーに到着したときは、除葉の時期を少し逸していたが、それでも仕込みまでには少し日にちがあった。私は早速ブドウ畑に出て、仕込みタンク1つ分にあたる約2ヘクタールのメルロの除葉を開始した。

後で聞いた話だが、東洋人がオーナーになったワイナリーで、さっそく変なことを始めたようだと情報が伝わり、近隣の生産者がこの作業を見に来ていたらしい。

結果は葉をそのままにしておいた対照区にくらべ、青臭さが低減されただけでなく、確実に品質の向上が確認でき、除葉の効果に確かな手応えを感じた。

シャトー・レイソン駐在としての異動が決まり、再びボルドーに渡ったのが1994年。驚いたことに、この4年間のうちに「除葉」は確実にボルドーで栽培を行うすべての作業者の農事暦に組み込まれていた。

それどころか、「除葉」を行う何種類もの作業機がすでに売り出されていて、私は目を見張った。そしてこの「除葉」は、ボルドーだけでなく、あっという間に世界を席巻していくのである。ボルドーではこの4年間の間に、この青臭さを未熟な臭いとして認識し、克服すべき課題として取り上げられるようになっていた。

この傾向は、またたく間に世界共通の尺度に代わっていった。

1990年の同じ時期、イタリアのラ・モラ（ピエモンテ州）を訪れた。畑で除葉をしている老人がいたので、なぜブドウの葉を取っているか尋ねてみると、彼はこう答えた。

「もっと太陽を浴びさせてやるのさ」

「昔からやっていることだよ」

確かにこの作業は、キャノピー・マネージメントの重要性が提唱されるずっと以前から、世界の銘醸地と呼ばれるいくつかのブドウ畑では、すでに行われていた作業に違いない。ワインづくりの長い経験から、おいしいワインをつくるためには良いブドウを育てなければならない事は理解されていた。

そして、太陽の光が重要なのだということも、十分理解されていたのだ。

◇◇◇

ここまで述べてきて、新梢管理を行うことがどれだけ有用な効果を導き出すのか、お解り頂けたと思う。

新梢管理の目的は、病害の発生を少なくし、品質の高いブドウを収穫すること。つまり、「健全」で「適熟」な果実を得ることにある。

実はこの単純な2つの「目的」こそが、我々ブドウを栽培しワインをつくる者にとって、達成すべき大きな「課題」なのである。

さて、近頃は温暖化が顕著に感じられるようになってきている。

「除葉」の作業は決して画一的に行うのではなく、目的にあった除葉マネジメントを行うべきであることを、改めて皆様にお伝えしておきたい。

ヴィニュロンたちの四季　**第6話**

エシャルダージュ

「なんて仕事なんだ」――遅々として進まない作業に嫌気がさして、ベルナデットが声をあげた。

「何のためにこんなことするのよ？」とエレーヌがまくしたてる。

そして「そう、ブドウがよく熟すためさ」と各自が自分に言い聞かせる。

7月上旬、エシャルダージュ（副梢掻き）の第1日目は、こんな会話を繰り返しながら、つらく辛抱のいる作業が終わった。

副梢を取る作業、エシャルダージュ

硬く閉ざして眠っていた芽が春先に萌芽し、展葉を始め、新梢は垂直方向に伸び、やがて開花結実する。

この頃になると、新梢は、垣根に張った一番上の針金を超えるほどに伸張する。そしてそれぞれの葉の付け根に、小さいながら来年新梢を伸ばすための休眠芽が形成されつつある。

この休眠芽のすぐ脇には必ずといってよいほど不定芽または副芽と呼ばれる芽ができ、ここから「副梢（ふくしょう）」が伸張し始める。

メルシャンに入社して栽培課に勤務していた頃、一緒に仕事をしていた山梨の古老は、この副梢をよく孫芽と呼んでいた。結果母枝が親、そこから果実を伴って伸び始めた新梢が子供、その子供である新梢から分かれて伸び始める副梢は孫、というわけだ。

この孫にあたる副梢にもブドウ果実が実ることがある。とくにカベルネ・ソーヴィニヨンやピノ・ノワールといった品種では顕著で、この果実のことを二番生（な）りと呼んでいた。

さて、我々の作業である「エシャルダージュ」とは、この副梢、とくに新梢基部から第2果房のすぐ上までの間で伸び始めた副梢を、すべて掻き取ってしまう手作業を指す。

第5話「除葉」では「房周りの葉を取り除くことが除葉であ

休眠芽の断面

a…… 葉沈
b…… 苞葉
c…… 芽綿毛
d…… 主芽
e…… 副芽
f …… 葉の原基
g…… 房の原基

出典:『葡萄之研究』(養賢堂、1930年3月)、大井上康氏作成

る」と書いたが、厳密には「房周りの葉と、房周りの副梢を取り除くこと」が除葉である。

そして「エシャルダージュ」とは、「除葉作業時に掻き取り忘れた、また除葉時にはまだ伸びていなかった副梢を取り去ること」を意味する。

作業者は、繁茂しすぎた新梢の葉群の中に半ば頭を突っ込むような格好で、新梢1本1本を手にとって、伸びてきた副梢を掻き取っていく。

しかし、副梢の生育が旺盛でかなりの太さになっていると、簡単には掻き取れない。無理に掻こうとすれば、付け根のすぐ上には来年のための休眠芽があり、これを傷つけてしまう。

もし傷つけてしまえば、来年この芽からしっかりした新梢は現れない。冬季の剪定で、この新梢を結果母枝にできなくしてしまうことになる。

このような場合は、剪定鋏をそのつど腰から引き抜いて使わねばならない。

エシャルダージュは、作業のために強いられる姿勢といい、作業の進みが遅いため充足感に欠ける点といい、本当につらい作業である。

除葉やエシャルダージュは新しい作業ではない

この作業の歴史的背景を調べていくと、ボルドーの中でもソーテルヌ地方で伝統的に行われていた

副梢を切除するエシャルダージュ

作業にたどりつく。

かつてこの地方では、新梢の誘引を3回に分けて行っていた。垣根の両側に2本の針金を張っておき、新梢の伸びに応じ、この2本の針金で両側から新梢をはさむ格好で、徐々に上へ上へと上げていくのである。この針金を引き上げていく時に、作業者は各新梢から伸び始めた副梢を、必ず掻き取っていた。

ところが、この作業方法では時間も手間もかかり効率が悪いため、ソーテルヌ地方でのエシャルダージュ作業は過去のものとなり、代わりに除葉が大半を占めるようになった。近代化、いわゆる農業における効率化を追求するなかで、消えていった手作業のひとつだ。

新梢の誘引作業が一段落すると、次は

新梢の先端を刈り取る作業、つまり垣根の上や側面からはみ出した部分を刈り取り、きれいに切り整える作業を行う。

この作業に、現在では機械を使う。トラクターに、コの字型の架台の内側にカッターがついたアタッチメントを装着して使うのだ。

コの字型の部分を垣根にまたがせてトラクターを走らせると、同時にカッターの刃が回転しながら余分な枝を刈り取っていく。トラクターの通った後、垣根の端からこの畝を見ると、まるで庭師が刈り揃えたようにきれいに整った緑の長方形が延々と見渡せるようになる。

機械化されるまで、作業者は蛮刀のようなものを振り回しながら、垣根の上と側面を刈り揃えていた。この光景は今でもごくまれに出会うことがある。

手作業だとはるかに時間がかかり、効率が悪い。しかし作業者は、各畝を通りながら、機械が刈り取る以上に垣根側面の副梢や若干の葉を刈り取っていた。過去においても、「除葉」や「エシャルダージュ」に相当する作業は、農作業の一環として、今と同じ形ではないが、確実に行われていたのである。

さて、我々はエシャルダージュを導入実行するにあたり、バカンスを目前に控えた時期だったこともあり、人数と作業日数を把握しておく必要があった。

さっそく事前作業に取りかかる。1時間ずつ作業し終えたブドウ樹の本数を数え、1日に作業可能な面積を割り出した。その結果は、１日につき１人約８００本前後で、冬季剪定の速度とほぼ同じになった。

期日までに終了させるため、新たに数名の臨時作業者が合流し、ベルナデットやエレーヌは彼女らに「ブドウがよく熟すようにがんばろう」と指導するようになった。

我々のこんな熱意が天に届いたのか、それから数日後、気温は38℃に達し、ここボルドーがフランスで一番の暑さを記録した。そして毎日毎日彼女らの途切れることのないおしゃべりを聞き続けながら、炎天下での長いつらい作業がやっと終わろうとしている。

もうすぐバカンスだ。

ヴィニュロンたちの四季 第7話

八月のブドウ畑

８月上旬のある日、ちょうど家に帰ったところで電話が鳴った。急いで受話器を取ると、バカンスシーズン中も畑仕事を続けているフランクからだった。

「そろそろ明日あたりがヴェレゾーンの半ばかな」

私はバカンスの真っ最中だが、我々は生き物であるブドウを相手にしている。製造ラインを止めて休業できる事業所と違い、全員がいっせいに休暇をとることはできない。

フランクなど数名は休暇の時期をずらし、ブドウ畑の仕事を続けているのである。

「他の区画はどう？　カベルネは？」

「ほかは40％程度かな、カベルネは早いよ。それから是非おまえに見せたいものがあるんだ」

「わかった、とにかく明日、朝からいくよ」

ヴェレゾーン中期の確認は重要な意味を持つ

バカンスの始まる前、一番信頼のおけるフランクに、ブドウ果の様子を知らせてくれるよう頼んでおいた。ヴェレゾーン（硬核後期）の中期を知りたかったのである。

対象となる畝（うね）を決めておき、その畝にある房全体を見渡して、約半数の果粒に着色が認められる時期をヴェレゾーンの中期という。

厳密に言えば、「果粒の着色」と「果粒の軟化」は異なる。たまにヴェレゾーンより軟化の方が早く進行する年もある。しかし通常は、着色＝ヴェレゾーンとしても問題はない。

当然のことながら、ブドウ樹、または新梢によって、果房の色着き具合には差がある。だから一つの区画について、その区画の中のいくつかの畝を見て歩き、全体から着色具合を判断しなければならない。

この調査はある特定の区画を標準区と決め、毎年我々なりに記録している。

日本の各地で桜の開花を宣言するとき、毎年その地域の標準木の開花が確認された日を開花日とするのと同じである。

じつは我々にとって、ヴェレゾーン中期を確認し、記録することは、非常に重要な意味を持っている。

ボルドーという地理的・気候的条件下で育つブドウ樹、そしてブドウ果の生育ステージは、これまでの観察の結果により、それぞれの平均的な日数を知ることができる。

たとえばボルドー全体の赤色品種の平均値は、開花中期からヴェレゾーン中期まで約65日、ヴェレゾーン中期から収穫日まで約45日。

区画全体で約半分程度の開花が観察できたなら、その日から数えて約１１０日後が、その区画のおおよその収穫予定日ということになる。

手元にある過去45年間の資料には、45年間の平均日数が約１１０日で、一番短い年は１０６日、一番長い期間を要した年は１２４日と記録されている。

さらにそれぞれの平均日を暦の上で見てみると、開花中期は６月14日、ヴェレゾーン中期は８月18日、そして収穫日は10月２日となっている。

もっと地域的な資料もある。ボルドーのメドック地区ポイヤック村におけるカベルネ・ソーヴィニヨンについて、１９７０年から１９８２年にかけての13年間、各生育ステージを記録したその平均的な日数である。

ただボルドー全体の資料とは、ステージの区切りかたが違うので注意して読んで頂きたい。

春先の萌芽開始は３月27日、それから約70日後に開花期となる。開花が認められるのは６月５日、それから約55日経つとヴェレゾーンが始まり、この始まりが７月30日となる。

それから約58日後の９月26日あたりが収穫日となっている。

萌芽開始から収穫期までの日数を計算すると約183日となる。

翌日、夏休み中の子供を伴いシャトーに向かった。バカンス休暇に入ってわずか1週間ほどだが、沿道のブドウ畑はだいぶ様相が変わっている。生い茂った葉の間から、すでに色づき始めた果房がところどころ見え隠れしているのだ。

そんな光景に胸を躍らせながらシャトーに到着すると、早速決めてある標準区へと急いだ。

フランクの言ったとおり、まさしく今日が我々のヴェレゾーン中期の日であった。

今年、我々のシャトーでの平均開花中期はメルロで6月5日と記録した。この時点で、過去45年間の平均日数から計算すると、収穫日は9月23日になると予測された。そして、我々のヴェレゾーン中期は、なんと予測した日と1日しか違わない8月10日となった。

この調子でいくと、あくまで目安ではあるが、メルロの収穫日は9月24日頃となるのだろうか。

エシャルダージュの区画に異変が！

しばらくしてトラクターがやってきた。巨体を揺すって降りてきたフランクは、手に一房のブドウを携えていた。

「おい見てくれ、これは何だ？　なにかの病気だろうか？」

我々の休暇中に仕事を任されているフランクにとって、ブドウ果の異変は気が気でないらしかった。

「これは日焼けだよ」

「そういえば昨日一昨日と、38℃をこえていたからなあ」

「ひどいのかい」

「ああ、皆でやったエシャルダージュの区画だよ」


私は胸騒ぎを覚えながら、早速彼と一緒に畑に入った。

過度に副梢を掻き、各畝の西側からブドウ果がはっきりと見つけられるような、そんな果房の肩の部分が日焼けをおこしていた。

「良いブドウを収穫するためにやったのに！」

「こういうこともあるさ。自然が相手だからね」

彼と一緒に葉を分けながら、かなりの畝を歩いた。

「たいした被害じゃあないし、病気でもなかった」

「それだけは救いだ」

お互い慰め合い、彼はブドウ果の病害ではなかったことに安心し、「素敵なバカンスを」と言い残してトラクターへ戻っていった。

一人残った私は、いささか複雑な気持ちだった。

ここに至るまでの間、我々はブドウ畑で質の高いブドウが収穫できるよう、でき得る限りの作業を行ってきた。

ボルドーの昔ながらの俗諺(ぞくげん)に「8月は良いブドウのもろみを授ける」というのがある。

8月の天候はブドウ果の質、ひいてはワインの質に大きな影響をもたらす。その教えのとおり、我々はこの8月にすべてを委ねたのである。

畑を見下ろす高台の木陰に腰を下ろし、煙草に火をつけた。人をあざ笑うかのような一陣の風が頬を撫でていった。

ヴィニュロンたちの四季　**第8話**

ブドウ果が熟すということ

果実が「熟す」ということは、果実の成長または成熟の過程で、ある方向に向かって進む一通過点から一定の期間を指す。

人間を含む動植物のすべてと同じく、いわゆる老化へと進むプロセスの一過程だ。

熟期をさすことばには、「未熟」「完熟」「過熟」などがあるが、ワイン用ブドウに求められる果実の熟した状態は、『適熟』ということばで表現したい。ワインに適したブドウの熟期を指すために使い始めた私の造語だ。

食べて甘くておいしいのが「完熟」

日本語には「完熟」という素敵な言葉がある。

今から千年以上前、大陸からさまざまな果実が日本にもたらされたときから、果実のほとんどは生食の対象だった。このため、長い歴史の中で、果実ごとに食べ頃の「熟期」が徐々に確立されてきた。

果実を味わう基準で一番わかりやすい指標は、「甘さ」だろう。果実は甘さが増せば増すほど美味しく、ブドウにおいても「完熟」とはまさしく果実が最大限甘くなったタイミングを指す。

では、「完熟」から半月前の印象は、どうだっただろう？　まだ少し酸味が残っていて、食べるのに躊躇するくらい甘酸っぱい印象だったのではないか。そして半月経つと、ものすごく甘みを感じるようになる。

これは本当に糖度が上がったことで、甘くなっているのだろうか？

実は味覚のバランスが変わったことによる影響の方が、はるかに大きい。半月前と比較すると、確かに糖度は０・５％くらいは増えている。一方で、酸は格段に減少しているので、甘味を強く感じるようになるのだ。ましてや木から落ちるくらいによく熟していれば、かなりの甘さを感じるに違いない。

果実を生食してきた日本人にとって、「完熟」は「甘くておいしい」が普遍的な尺度となった。

やがて明治の初期、いよいよブドウからワインをつくるにあたり、ブドウ収穫の基準は生食用と同様に、食べて最も甘くおいしいタイミングとされた。

その後長い間、ワインのスタイルは甘い味わいが好まれる時代があった。辛口のワインが一般に飲まれ始めるようになるまで、ワインに酸味は必要なかったのかもしれない。

ワインをつくるブドウは「適熟」で

世紀が変わる２０００年頃、メルシャンでは収穫適期の基準をすべて白紙に戻し、おいしいワインをつくるためのブドウは、どのような基準で収穫すればよいか、試行錯誤を始めた。

ちょうどその頃、甲州ブドウの中に「柑橘」の香りを連想させる物質の存在が発見された。

まず検討すべきは、これらの香り成分の消長で、香りという観点からの収穫適期を探った。

次に酸味である。甘いワインが好まれた時代とは違い、辛口のワインには溌溂とした酸味が求められる。そこで、酸の量も収穫適期を決める基準として、重要視されるようになった。

この2つの項目をブドウの果汁分析のグラフに描いてみると、それまで絶対的な基準とされていた「完熟」の収穫適期より約半月前に、香りと酸のバランスがよい時期があるのが浮かびあがってきた。

ならば、今まで信じてきた収穫適期は何だったのか。「過熟」以外の何物でもなかったのではないか。我々はそう結論づけるに至った。

これ以降、ワインづくりにおいて、ブドウ果がワインにとって最適に熟した状態を、「適熟」という言葉で表現することにした。

従来使われてきた「完熟」と差別化するために考えた造語である。

ワインを利くとき、「未熟な香り」「過熟な香り」と表現するときがある。

これはブドウ果の成熟度合いが、そのまま

収穫期の甲州の畑（山梨）

ワインに投影されるためだ。

ブドウ果は未熟と表現される過程から、熟したと表現される過程を経て、過熟と表現される過程に至る。

このそれぞれの過程のブドウ果を仕込んだとき、または仕込まなければならなかったとき、できた上がったワインはそれぞれの背景を如実に物語る。

地域の気候風土によっては、ブドウ果は未熟と表現される過程から、非常に短い適熟の過程を経て、またたく間に過熟の過程に入ってしまうこともあり、こうした現象も地域特有の特徴として数多く観察できる。たとえそれが世界的に著名なワイン産地であっても、である。

ヴェレゾーンを境に果実は成熟の過程に入る

それではいったい、いつ、何をもって「ブドウ果が熟した」と言うのだろうか。

その前にまず、栄養成長過程から生殖成長過程への転換を、どうやって知ることができるのかをみてみよう。

ブドウ果の成長過程に「ヴェレゾーン期（硬核後期）」がある。

それまで淡い緑色をして硬かったブドウ果粒が徐々に柔らかくなったり、文字通りブドウ果の種子が完成される時期である。

白色品種では果肉が柔らかくなり、だいたい時を同じくして透き通るようになる。

赤色品種でも同じように柔らかくなり、ほぼ同時期に果皮が色づき始める。

ヴェレゾーンの始まった果房を見ていると、果粒が色づいていく順番は房によって異なり、法則性は見いだせない。どの位置から始まり、次にどの果粒が色づき始めるのか、まったくわからない。まだらに着色を始めた果粒の1粒をもぎ取り、親指と人差し指ではさんで押さえてみると、確かに柔らかくなっている。

白色品種であろうが赤色品種であろうが、堅く冷たく、同じ緑の色調で無機的な感じだった果房が、いよいよ暖かみを感じさせてくれるようになる。

以前、山梨の勝沼ワイナリーで仕事をしていた頃、土地の古老はこの現象を「ブドウが水を引き込んだ」と表現していた。

なんととも情緒のある言葉ではないか。はじめてそれを聞いた私は、本当にブドウ果が水を引き込むのだと思った。

ブドウ果粒を剪定鋏で切り割ってみると、ヴェレゾーン前は刃先をちょっと湿らす程度の果汁しかないが、色づき始めたり、透明感の出てきた果粒は、剪定鋏の刃先からは果汁がしたたり落ちる。

ヴェレゾーン期に入ったカベルネ・ソーヴィニヨン

まさに「水を引き込んだように」変化しているのだ。

こうしてブドウ果の成長は、ヴェレゾーン期を境に今まで続けてきた「栄養成長」を止め、「生殖成長」へと転換していく。

つまり、果実の成熟過程への転換は、このヴェレゾーンという現象をもって、視覚的にはっきり判断できる。

ブドウが熟して柔らかくなるメカニズム

ブドウ果が熟してくると、果汁内のカリウム含量が上昇し、これに伴って水素イオン濃度も上昇する。

この事実から、「ブドウが水を引き込む」現象を説明してみよう。

ヴェレゾーン期以前のブドウ果粒内では、ペクチンやセルロースといった細胞壁多糖類がお互いに強く結合して網を何重にも重ね合わせたようになり、さらにその網どうしもつながりあった、複雑な立体構造を形成している。

そのうちでペクチンは、ちょうどフェンスなどに使われる金網のような構造に結合し、果粒を硬く保つ役目を担っている。

金網は針金を一定の間隔に編みあげたものだが、もし仮にペンチなどで編み目をすべて切ってしまうと、どうなるだろうか。今までお互いが交差して面となり、強い強度を構成していたのが元の一本の針金になってしまい、何かを支えたりまた外からの圧力に抗せなくなってしまう。

じつはこれと同じ現象がこの時期、果粒内で起こるのである。その様子を下の図に示した。

ヴェレゾーン期以前、果粒内のペクチン質を互いに強く結びつけているのはカルシウムだ。カルシウムは二価のプラスの電荷を持っているため、片方のプラスの電荷でペクチンが持つマイナスの電荷と結びつき、もう片方で他のペクチンが持つマイナスの電荷と結びついている。

つまりカルシウムは2本の手で2つのペクチン

果皮および果肉におけるカリウムの置換集積

ヴェレゾーン期以降、カルシウム(Ca)の集積はなくなり、カリウム(K)の集積が行われる。

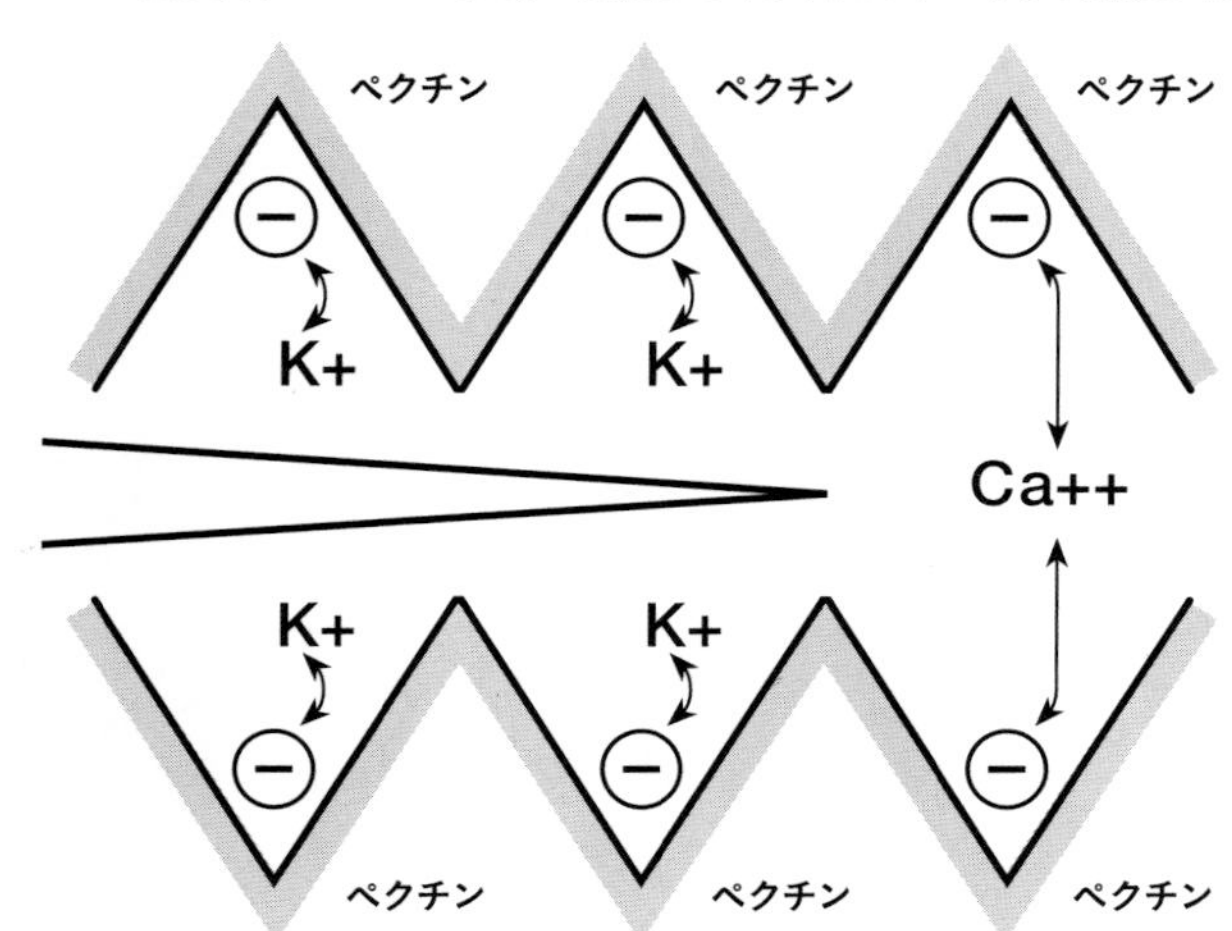

を結びつけているのである。これを前述した金網の編み目と考えていただきたい。

ヴェレゾーン期を迎え果粒が熟してくると、果粒内のカルシウム（Ｃａ）はカリウム（Ｋ）に置換され、ペクチンと結びつく役割はカリウムに取って代わられる。ここでのポイントは、カルシウムは２本の手を持っていたのに、カリウムは一価のプラスの電荷、つまり１本の手しか持っていないことだ。

このため、カルシウムによって結ばれていた２つのペクチンは、右図のように断ち切られて、離れてしまう。こうして果肉や果皮は、徐々に柔らかくなっていくのである。

決してこの現象だけが作用機作（メカニズム）のすべてではないが、良いミレジムには、果皮や果肉内のカリウム含量が多くなるという事実から、ブドウ果が熟す過程における１つの現象として理解していただきたい。


ここで、「硬核後期」について説明しておこう。

開花期を過ぎたブドウが最初に目指すのは何か？　それは子孫を後世に残すための準備であり、その機能を完成させることだ。

開花期以降、ブドウ樹が果梗（かこう）を通して肥大を続ける果粒に供給する養分は、まず第一に種子を完成させるため、その大部分が種子形成に使われる。

そして栄養成長から生殖成長に転換するヴェレゾーン期には、種子は完成し、硬化している。それで硬核後期と言うのだ。

水分と成熟の密接な関係

ヴェレゾーン期以降、種子は、ブドウ果の成熟とともに、耐久細胞となるための成熟を続ける。果粒内での養分の流れは、種子から果肉へと移り、ブドウ果はこれまでの「第一次生産」から「第二次生産」のステージに向かう。

第二次生産では、果皮と果肉の成熟、ブドウ果粒内でのアミノ酸の合成、フェノール化合物の合成、蓄積、そして香り成分、またこの前駆物質の合成などが行われる。

このうち最も重要なのは、果皮の成熟だ。果肉については、第二次生産の中で最も短期間に成熟する。

この時期以降、果皮に蓄積される色素などは「土壌の水分」と密接な関係がある。

植物の体内には植物ホルモンというものがあって、成長促進に作用するものと、成長を抑制するものとが、それぞれバランスを保ちながら、栄養成長期間また生殖成長期間を通して働いている。

雨が降って過度な水分を根が吸収し、植物体内にその水分が到着すると、体内では成長促進に関与するホルモンが増加する。たとえ生殖成長に転換した後であっても、再び栄養成長を始めてしまう。反対に、成熟に関与するホルモンは減少する。

ボルドーにおける1997年のブドウの成育状況は、例年にない早熟傾向を示し、平均のヴェレゾーン中期は7月31日と記録された。ちなみに過去45年の平均日は8月18日であった。ところが、生殖成長への転換は早かったにもかかわらず、同じブドウ樹でも、果房内の果粒の成熟が均一には行われず、結果的に収穫期の成熟度合いも例年にくらべ、若干不均一なものとなった。

第1話で、ブドウ樹を熱帯地方で栽培すると、同じ樹でも各新梢の生育のステージが不均一になってしまうと書いたが、これと似た現象が1997年の成熟期に起こったのである。

この年の8月の気象状況をみてみると、気温は例年に比べ3～4℃も高く推移しており、降雨量は例年のちょうど倍だった。ブドウ樹は高温多湿の環境下で過ごすこととなった。土中の水分も常に十分に確保され、乾燥という言葉は誰の口からも聞かれなかった。

これは本来、成熟へと向かうはずの成長が、植物体内のホルモンバランスの乱れから、停止または乱れてしまった結果なのである。

「適熟」は色素も香りも最高レベル

「第二次生産」に話を戻そう。

通常、赤ワインに使われる黒ブドウの果皮には、タンニンとアントシアンが蓄積される。ヴェレゾーン期以降、これらの物質が徐々に蓄積され、果粒は薄緑色から徐々に薄紅色になり、やがて濃紫色へと変わっていく。

この色素の量は、成熟が進めば進むほど果皮へ蓄積されていくかというと、そうではない。果皮の成熟が始まりとともに最初は増加していくが、「適熟」と表現されるピークを境に、過熟へと向かうと逆に減少していく。


これと同様の傾向が、でき上がったワインの「香り」についてもみられる。

未熟な果実からは、未熟な、やや野菜っぽい香りが表現され、適熟期に収穫された果実からは、しっかりした果実香を感じ取ることができる。

そして過熟の過程で収穫された果実には、すでに果実香はなくなり、ちょうどジャムを作るために果実を煮込んだときの濃厚な香りが現れてくる。

「優雅でバランスや調和のとれた」と表現される素晴らしいワインには、色合いと相まって、適熟期を示す素敵な果実香が、いつも必ず存在している。

タンニンも適熟期に「熟す」

赤ワイン中のタンニンは、それぞれのワインの性格を決定づける。

次は、「果皮」に集積されるタンニンと「種子」のタンニンについてみてみよう。

仕込み期間中、赤ワインは種子や果皮とともに醸されるため、種子や果皮のタンニンがワインに抽出されることになる。

我々造り手にとって、このブドウ果の持っているタンニンの質は、よいワインを造るうえで非常に重要なものだ。

適熟以前、つまり未熟なブドウ果の種子には、非常に豊富なタンニンが存在する。

しかし収斂味が強く、決して良質なものではない。果皮に存在するタンニンは、まだ貧弱なもので、この段階では「青いタンニン」と表現できる。

では、適熟期に収穫されたブドウ果はどうか？

種子のタンニンは、未熟果に比べはるかに少ないが、収斂味はすでになく、ワインのがっしりした構成要因に寄与する。

果皮のタンニン含量はますます豊富となり、しかも非常に丸味を帯びたものとなる。

つまり、適熟期に向かってタンニンも「熟す」のである。

やがて訪れるであろう収穫期、我々の収穫日決定は、単にブドウ果の糖度のみを参考にはしない。タンニンやアントシアンといったフェノール物質の適熟期をよく把握し、果粒から果実香が表現される頃、健全かつ十分に熟したブドウ果を収穫するのである。

いつブドウ果を収穫すべきか、苦悩する日々がそろそろ始まる。

ステージ3	ステージ4
果肉は甘味を帯びる 酸味は穏やかなものになる 果皮と果肉にほんのわずかだが粘性が認められる	果肉は十分甘味を感じる 酸味は弱く、果肉に粘性がなくなる
若干の果実香を感じる	ジャムのような強い香りとなる
果皮は十分柔らかくなる 若干の果実味を感じるも、後味には青草さが残る	口に入れ噛み砕くのが容易となる ジャムの強い風味となる
濃い赤色から黒色 果粒を潰したとき、色素を認めることができる 果皮は十分柔らかく、酸味、粘性は少ない	濃黒色となり、指ですり潰したとき、十分な色素が認められる 口に入れ噛み砕くのが容易であり、酸味の痕跡はなくなり乾いた感じもない
タンニンは穏やかになり、茶色の中に緑がかったものは見られなくなる 焦がしたような風味に収斂味が若干感じられる	種子の色は濃褐色となり、焦がした風味が強くなる 収斂味の痕跡はなく、果粒は容易に果梗から離れる

〈参考〉黒ブドウの熟成の度合い(ステージ1〜4)

	ステージ1	ステージ2
果肉の生理的な成熟	果肉はやや甘味を帯びる まだ酸味が強い 果皮、種子に粘着性がある	果肉は中程度の甘味を帯びる 中程度の酸味を感じる 果肉に若干の粘性を感じる
果肉の成熟に関する香り	青臭く、野菜の臭い	ニュートラル
果皮の香りに関する成熟	果皮は十分硬く青臭味を感じる	果皮ややや硬い 青臭味からニュートラル
果皮のタンニンの成熟	ピンク色の光沢を持つ 酸味が強く、刺激的 あまりタンニックには感じない	ピンク色の光沢を持つ 果梗に付着した感じとなる 酸味はおだやかとなり刺激も中庸となる
種子の成熟	タンニンが荒く感じられる 種子の色は薄緑か、黄緑色	タンニンは若干荒々しく感じる 種子はやや緑がかった褐色を帯びる

ヴィニュロンたちの四季

第9話 ワインという文化

日常のなかにワインがあるボルドー

ボルドーはフランス南西部、もうスペインとの国境に近く、ガロンヌ河の畔にある。この地域は何世紀も前から世界的に有名なワインの産地だった。とくに赤ワインについては現在も、もうひとつの産地ブルゴーニュとともに、押しも押されもせぬ一大産地として、世界に君臨している。

このような産地で、私は家族と一緒に何年か生活していた。

週末に出かけるスーパーの棚には地域のワインが所狭しと並べられていたし、買い物客のショッピングカートにワインが数本入っているのは日常の光景だった。

食事に出かけた昼のレストランで、その日の定食を注文すると、日本でまずコップ１杯の水が供されるのと同じように、テーブルには１本の赤ワインと籠に盛られたパンが無造作に置かれたものだった。ちなみにこのワインとパンは、お代わり自由だった。人々の食生活の中に、ワインはまるで空気のような存在となって溶け込んでいた。

また、近くの教会で行われるミサでは、決まって杯に赤ワインが注がれた。日々の生活の中で、こうしたワインと人との関わり合いを観ていると、ワインはまさに文化であると感じずにはいられなかった。

この文化というものは、古くから継承されてきたものであり、また同じように継承されていくものである。

幼児期からワインという地域産業を学ぶ

滞在中のある秋のこと、長女が小学校１年、長男が幼稚園の年中にいて、同じように社会科の学習があった。

地域の主だった産業について、体験学習をするのである。

産業とは、もちろんワインだ。普通ワイン産業の見学といえば、どこかの醸造所へ出かけ、ワインの出来る様子を見学してくれれば事は足りるような気がする。

しかし、この土地の人々は、ワインは農業だと理解している。

ワインは収穫されるブドウ果の良し悪しによって、その質が左右される。各年の天候によって農産物がその作柄を変えることの延長線上に、ワインが存在する。

それを十分に認識しているのである。

体験学習の時期、郊外の各シャトーのブドウ畑は、ちょうど収穫の真っ最中だった。

ある日の朝まだき、2人ともお弁当と、飲み物やおやつをリュックに詰めて、喜び勇んで出かけていった。

子供たちが各シャトーに到着すると、収穫鋏ともぎ籠が全員に渡され、お昼まで実際にブドウの収穫を手伝うのである。

この時期のボルドーは、決して晴天ばかりではない。

ときおり通り雨が降ったりする不順な天候となり、長靴、雨合羽は手放せない。

子供たちもこのような出で立ちで、懸命にブドウ果と格闘する。

幼児期のうちからこのような体験を通して、ボルドーの主要産業であるブドウ栽培とワインに対する理解を体得していくのだ。

さらに小学校低学年には小冊子が配られ、たとえば現在の収穫風景と、19世紀の収穫風景がなんら変わらないことなど、歴史とともに伝統文化の継承されている様子を学ぶ。

「おとうさん、今日ぼくね、赤ワインを飲んだよ！」

収穫作業を終えて帰ってきた夜、テーブルを囲んでいた息子は目を輝かせながら少々興奮気味だった。

真相はどうだったか定かではないが、この貴重な体験をずっと忘れずにいてくれればと思った。

世界的に認められている産地ボルドーは、決して名声の上に胡座をかいているわけではない。維持発展させるための努力、また消費者への惜しみない働きかけを、何人も惜しんではいない。

ヴィニュロンたちの四季 **第10話**

糖度調査

ヴィニュロンたちに緊張が走る

ブドウ果がヴェレゾーン（硬核期）を過ぎたあたりから、我々はなんとなく落ち着かない日々を過ごすようになった。

果房がまだ薄緑色をして弱々しく見える頃は、淡々として作業できたのだが、すべての果房が色着くと、今度は我々の方が作業を急がねばならないような、そんな気ぜわしさを感じてくる。

我々はここ数年、毎年ほぼ決まった日に各区画ごとの糖度と酸度の調査を行い、それをグラフにして、それぞれの年の各区画のブドウ果成熟状況を把握するようにしている。

今年も9月に入り、早速第1回目の調査を行った。

朝から剪定鋏を吊し、ブドウのサンプルを入れるビニール袋を用意していると、皆が「おや、もう収穫を始めるのかい」「パニエ（収穫用のかご）を持って行かなきゃだめだろ」などと言ってからかった。

しかし、その表情の中に、一瞬の緊張が走るのを私は見逃さなかった。

皆それぞれ、来るべき時がすぐそこまでやって来ていることは承知していても、まだ実感がなかったのかもしれない。

それが糖度調査をはじめる私の姿を見て、その時期が個々の中に初めて現実のものとなってはっきりと姿を現したのだ。

皆の緊張は、他にもう一つの意味を持っている。

我々のシャトーで働くヴィニュロンたちは、冬季の剪定から始まって収穫期に至るまで、各個人が決まった区画の作業を行う仕組みになっている。

そうしないと、それぞれの区画の特徴、たとえば土壌の様子や毎年のブドウ樹の成育状況などを十分把握し、良いブドウを作っていくための作業に反映できないからだ。

つまりこれから行う糖度調査は、言ってみれば今まで行ってきた各自の作業の成績が皆の前で公表されるようなもの。緊張しないではいられないのも無理はない。

そんな彼らの緊張をよそに我々は畑に出かけた。

広大な畑のブドウを効率よくサンプリングする方法

サンプリングの方法はいろいろ試してきた。

1区画について、畝間を2往復しながらブドウ果粒を集めていく方法が最初だった。

1本のブドウ樹のいろいろな状態の房から、房の上部、下部そして中央部、太陽の光をよく受けている部分、日陰になった部分と、各房からまんべんなく2粒ずつ合計300粒集めたのである。

こうすることにより、各区画のブドウ樹150本の平均を知ることができる。

これを持ち帰って小さなボールに入れ、木槌のようなものでよく潰し、この液をこし器にかけてメスシリンダーに入れる。

これに浮標と呼ばれる比重計を浮かべ、その比重からアルコールに換算された値を読みとるのである。

しかし我々のブドウ畑の面積は合計67ヘクタールあり、それが33の区画に分かれている。

すべての区画を1日のうちに終わらせなければいけないし、各区画の中を2往復するとなると、途方もない距離を歩くことになってしまう。ある年は小型のバイクで回ったこともあった。

試行錯誤のすえ、各区画の平均的な部分の畝を選び出した。

毎年の収穫時には、トラクターで各区画のブドウ果が搬入されるたび、その荷台に積まれたブドウ果の糖度と総酸値をノートに記入していたのだが、だいたい1タンクをいっぱいにするにはトラクター6台が目安だった。つまり各区画を6つに分けて部分的な状態を知ることができたのである。

これから各区画の平均的な部分がわかってきたため、その部分の一畝に目印を付け、以後その畝の状態を調査するようになった。

これで1人でも1日ですべての区画を調査できるようになった。

ブドウの分析でわかること

我々のシャトーが持っている分析器具では、ごく簡単な比重糖度くらいしか測定できない。このようなシャトーが数多く存在するため、この地域ではブドウの収穫が近づくと分析センターが開設される。

我々の分析センターはポイヤックに開設され、サンプリングした果粒を1検体あたり200粒をビニール袋に入れ、朝のうちに窓口に届ける。すると夕方までには分析結果が（当時はFAXで）届いた。

分析結果は糖度、総酸値、pH、それにフェノールの成熟（第8話の最終部分参照）が、それぞれ数値で示される。

この分析方法は「グローリー法」といい、200粒のブドウ果粒をミキサーで潰し、2つの溶液にそれぞれ浸す。

一方の溶液は果皮からすべてを抽出し、もう一方の溶液は、ワインの仕込みと同じpHに調整して、ワイン醸造の抽出時の状況を作り出す。

そして2つの溶液により抽出された液体をそれぞれ測定装置にかけ、ある波長領域の光の透過度から数値を引き出す。

この2つの数値の差を見て、サンプリングしたブドウ果の、そしてそのフェノールの成熟具合を数値で表すのである。

ブドウ果が熟していくほど、2つの数値は近づいていく。

そしてアントシアンの数値をグラフに取っていくと、総量が少なくなり始める時期がある。収穫適期は、実はアントシアンの数値のピーク時ではなく、少し下がり始めた時期だ（左図参照）。

このような分析を各シャトーが自前で行うことはできない。

分析センターがありがたいのは、数値だけでなく、コメントを付けて現状を知らせてくれることだ。さらに、後に醸造の各ステージにおける分析にも対応してくれる。

ワイン産業の大きさゆえにこのようなシステムがしっかり構築されているのは驚きでもある。

こうしたシステムはフランスのワイン産地全土に整っており、日本の各産地にも同じようなシステム

フェノールの成熟

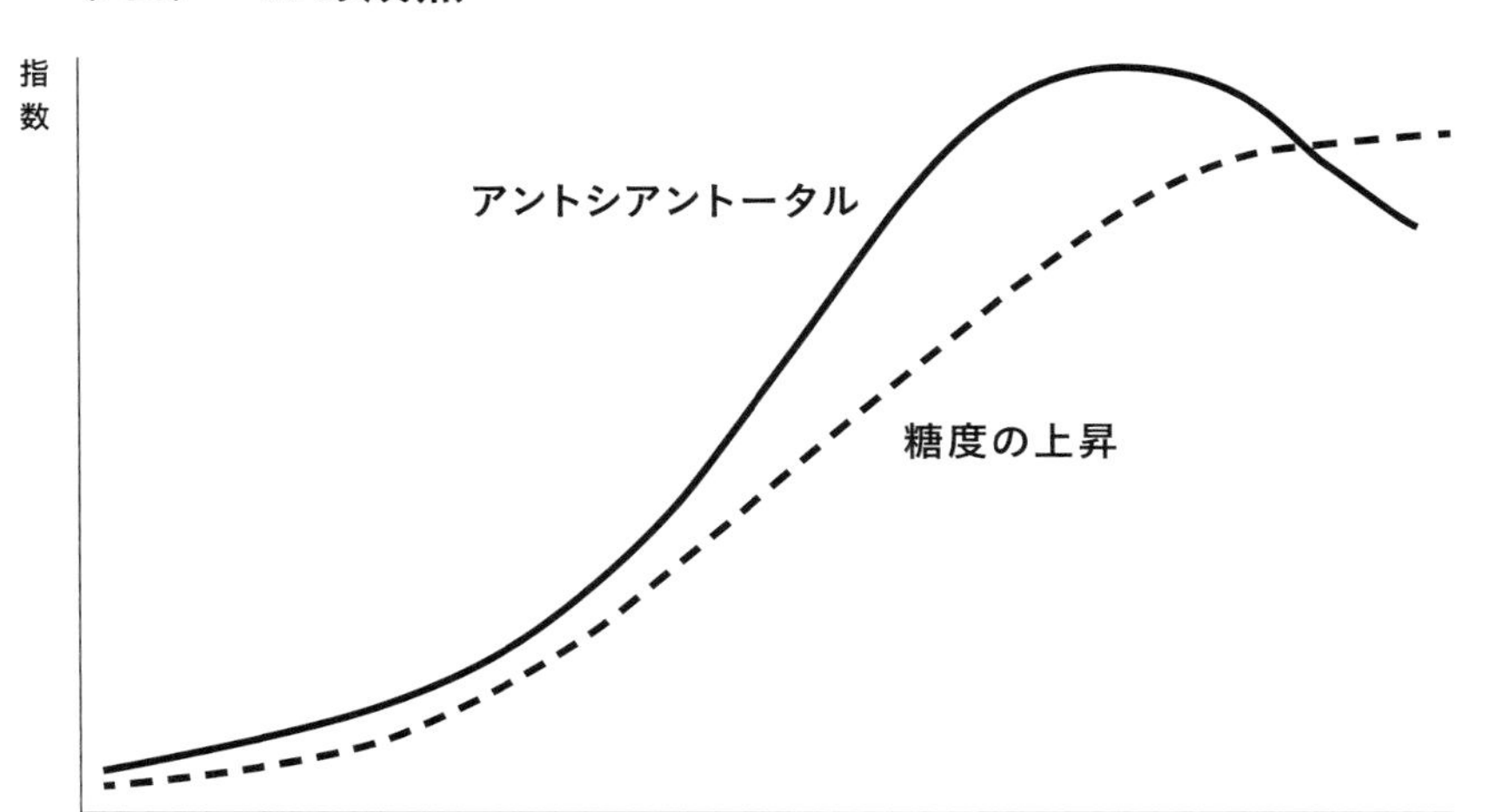

フェノールの成熟

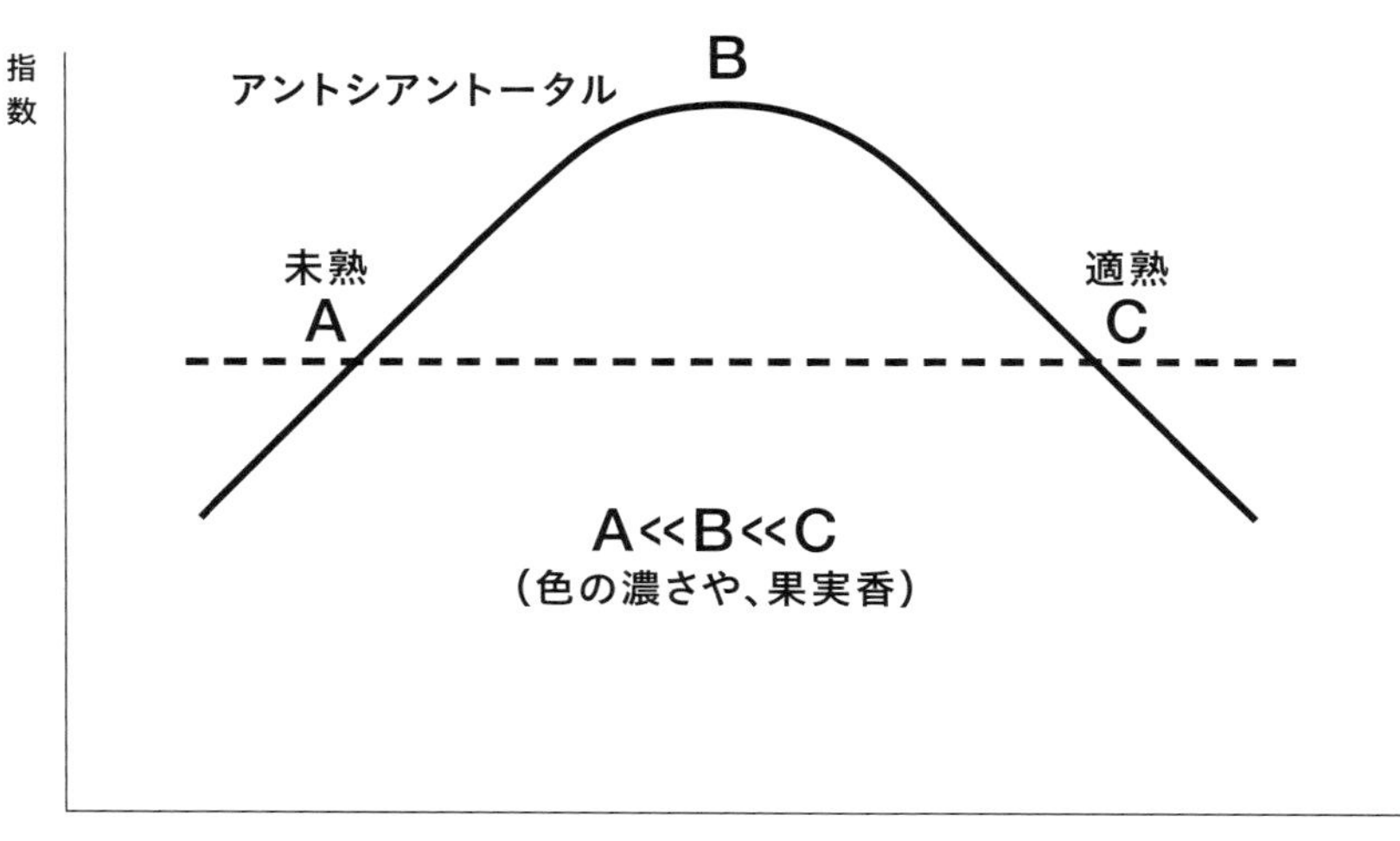

が構築されるべきではないかと考えさせられた。

さて、第1回目の分析結果では、予想以上に熟していない事がわかった。しかしブドウ果の総酸値は、ここ数年のうちで、すでに一番低い値を示していた。

収穫してきた果粒を指ですり潰してみた。まだまだ色素は指を染めてはくれない。

何粒かを口に放り込み、食べながらその風味を味わってみたが、まだまだ青臭い果実だった。


今年は春先の萌芽が例年に比べ若干遅かったが、開花期、またヴェレゾーンに至っては、ここ数年並みのペースを取り戻した。

ところが8月後半から過ごしやすい気温となってしまい、それまでほとんど降雨がない乾いた夏を過ごしてきたのだが、時おり雨の降る日が増えていった。

シェフのクリストフは「まだまだ先だ、これから糖度は上がるさ」「除葉もエシャルダージュもやったじゃないか」と自分を慰めるように言う。

当地の俗諺に「ブドウもろみをタンクの中に納めるまでは、わからない」というのがある。日本の「(勝負は)下駄を履くまでわからない」と同じである。

そう、まだどうなるのか決まったわけではない。

ブドウ果がもろみとなってタンクに収まるまで、誰にもわからないのだ。

「熟すまで待てばよいだけのことじゃないか」

自分にそう言い聞かせた。

それから1週間後に第2回目の分析。

数値結果は過去のデータに追いつき、我々に安堵の二文字を与えてくれた。

しかし不安が一掃された訳ではなかった。このままぐずついた天候のまま収穫を行うことになるのだろうか。そうだ、このまま手をこまねいていてもしょうがない。

「反対側の除葉をしようか」

「やろう」

次の日から畝の西側の除葉と2番果の除去など、新たな仕事に取りかかった。

ブドウの房が重なり合った中を覗くと、わずかに灰色カビが認められるところがある。思い切ってその部分を切り落とす。

このときほど天候の回復を、また太陽を切望したことはなかった。

自分の感覚で収穫の判断ができるようにする

このような状況の中、メドック地域でソーヴィニヨン・ブランの収穫が始まった。

右岸のサンテミリオンでは、いよいよメルロの収穫が始まったらしい。

醸造所で仕込みの準備を終え、畑に出てメルロの果粒を口に含んでみた。

「そろそろかな」

指で果皮を擂り潰すと赤い色素が指を薄く染めた。

サンプリングをしながら、必ず果粒を口に入れ、その風味を味わってみる。果実の香り、味わい、そして種子のタンニンの感覚、さらには種子を噛み砕いてみる。ワインを利き酒するのと同じように、ブドウ果粒を人間の感覚で味わうのだ。

分析センターから送られてくる分析データを見ながら、実際にブドウの果粒を頬張り、ブドウの熟していく様子を五感で受け止め、自身で判断が可能になるよう何度も味わってみる。

こうしたことを毎シーズン繰り返すことにより、自身の感覚だけでも的確な判断を下すことができるようになる。

とにかく自身で畑に出向き、ブドウと向き合うことをしなければならない。

広大な畑を目の前に、このブドウを摘まなければならない。そう思うと身の引き締まる思いがする。

毎年この時期にはそう思うのである。

我々の収穫開始日は予想日より1日遅れ、9月25日から小さな区画で始まった。

いよいよ来週から忙しくなる。

収穫期を迎えたソーヴィニヨン・ブラン（上）とカベルネ・ソーヴィニヨン（下）

ヴィニュロンたちの四季　**第11話**

収穫

9月の中旬に入り、メドック地域でソーヴィニヨン・ブランの収穫が始まった。このところ急に雨が降ってくるなど、天は決して我々の味方をしてくれてはいない。我々の収穫は9月下旬になると予想していたので、まだ若干の余裕があり、私は白品種を収穫している知り合いのシャトーに研修に出かけた。

有名シャトーでの収穫研修

このシャトー、実は非常に有名なシャトーである。私はブドウの生育から仕込みまでの期間、生育調査に始まりワイン製造に至るすべての作業を経験させてもらうため、時間の許す限り足を運んでいた。

ソーヴィニヨン・ブランについても、昨日、他の研究機関から研修に来ていた人間と一緒にサンプリングを行い、分析値を届けたばかりだった。

そして今日9月14日の午後から、急に収穫開始となった。


ブドウ栽培の責任者をつとめる初老のヴィニュロンが、収穫人達に大声で注意を与えている。

「熟していない房は獲るなよ」

「灰色カビはその場で切り落とすんだ」

彼は収穫人の後を追うように畝を歩き、その仕事ぶりを確認していく。

私も一緒になって収穫を手伝う。ときどきブドウ粒を味わってみては、収穫する判断を下した香味を、自分の中に記憶する。

収穫しながら何度も何度もブドウを頬張り、ようやく1台目のトラクターが一杯になった。

それに合わせて私は醸造場に向かった。


15kg入りのカジェットと呼ばれる底の浅い平たい籠から空けられたブドウ果が、幅広のベルトコンベアーの上を流れ始めた。

その両側で8名ほどが選別を行っている。畑では収穫時に病果を取り除いて選果しているが、ここでさらに、選果を繰り返すのである。

私もこの中に入り選別を始めた。

その年の収穫はこれが最初で、コンベアーで選果をするのも1年ぶりだ。

作業をしていると徐々に慣れていくが、最初は目の前を動いていくコンベアーのブドウ果を凝視していると、自分が動いているような錯覚が生じる。

気がつくとみんなコンベアーの先の方に集まっていた。

顔を見合わせ、おかしさを隠し切れず笑いあった。

当時はボルドー大学のドゥニー・デュブルデュー教授らによって、ソーヴィニヨン・ブランから発現する柑橘香の香り成分の挙動が解明されていて、その成果をワインづくりに応用するシャトーが増えているときだった。

液状の二酸化炭素から雪状のドライアイスをつくり、ブドウを破砕するとき、さらに破砕したブドウを圧搾機にかけて果汁がしたたり落ちるとき、この雪状のドライアイスを吹きかけて、果汁の酸化を極力防ぐのである。

圧搾機も、ブドウを絞る間に極力酸化しない構造をもった機種が登場し始めた。

こうして酸化を防ぐことによって、ソーヴィニヨン・ブランの品種としての特徴を余すところなく発現できるようになった。

この研究成果はまたたく間に世界に広がり、白ワイン革命と称され、現在のワインづくりに多大な影響を与えた。

しかしこのシャトーで仕込むソーヴィニヨン・ブランは、ソーヴィニヨン・ブランでありながら、そのシャトーを代表する白ワインをつくることをコンセプトに掲げ、こうした還元的な手法を用いていなかった。

普通に破砕圧搾した果汁をタンクに入れ、一晩静置した後、滓引きする。そして透明感を増した果汁を樽に移し、発酵させる従来からのやり方を続けていた。

さあ、収穫だ!

9月最終週の月曜日、メドックの各シャトーで「収穫」という一大ブームが巻き起こった。

ここにきて曇りがちな天候が続き、ヴィニュロン達には気の休まる日がなかった。

天候が回復し、雲間から日の光が差すのを待ち望んでいたのだが、毎日鈍色(にびいろ)の空が広がっていた。天はまだ、我々に味方してくれそうになかった。

朝早くから準備を済ませ、今か今かと待っている皆に収穫開始が告げられたのは、10時を少し過ぎた頃だった。

冬時間への切り替えは10月末で、この収穫は冬時間より時計が1時間早い夏時間で行わなければならなかった。

この1時間は、我々にとって大きな意味を持つ。

このところ朝露が乾くのはだいたい10時頃（夏時間）で、収穫が始められるのはそれ以降となる。これが冬時間なら、朝9時にスタートできる。

スタート時間が遅いおかげで、連日、我々は夜遅くまで働くことを強いられるのだ。

「さあ、そろそろ出かけるぞ」

シェフのクリストフのかけ声でトラクターが2台、黒い煙を吐き出しながら、この収穫のために綺麗に塗装された真新しい荷台を引いて畑に向かって行った。

その後から、2階席で運転するくらい背の高い収穫機が轟音をたてながら続いていく。

我々は今年も、大部分の収穫に機械をつかうことにした。

世間では収穫を機械で行うことに対し、ワインの質を下げてしまうのではとの偏見がある。私はこれがすべてではないと考えている。

収穫機を使った収穫

収穫したブドウは、まず畑で選果して醸造所に運ぶ

収穫機の力を実感した年

２年前となる、１９９６年の我々の収穫について話しておこう。

この年は９月中旬から天候が崩れだし、せっかくブドウ果が適熟期を迎えているのに、灰色カビ病の蔓延が懸念され始めていた。

金曜日の朝方に降った雨が乾くのを待って、午後から収穫を始めた。

幸い灰色カビ病は皆無だった。

長期予報では、次の月曜日から雨。我々に残された時間は今日の午後と、土曜日曜の２日間しかない。

もし土日の休日を休んでしまったら、月曜日からは雨の中での収穫作業を強いられることになる。いつまた回復するかわからない天候を待って、その間に灰色カビ病が蔓延してしまったら、今まで良いブドウ果を収穫しようとしてやってきた努力は、水泡に帰してしまう。

何とかしなければならななかった。


クリストフと相談し、午後収穫をしながら系列のいくつかのシャトーに電話をかけた。収穫機を借りるためだ。

幸い週末を休むシャトーがあり、２台の収穫機を借りることができそうだ。

ヴィニュロンたちにも事情を話し、休日出勤の了解を取り付けた。

明けて土曜日、近隣の静けさとは反対に、我々のシャトーだけが活気に溢れていた。

合計３台の収穫機の威力はすさまじく、醸造所のブドウ果を受け入れるタイル張りのコンケットが終日空にになることはなかった。

私は夕ご飯代わりに差し入れられたパンケーキを時おり頬張りながら、醸造係のシャルルと一緒にブドウ果の受け入れやら、タンクの切り替えなど、時のたつのも忘れ東奔西走した。

結果は、１日で約20ヘクタールのメルロの収穫を終えることができた。

前日と合わせて、手収穫をするための小さな２区画を残し、すべてのメルロを収穫したことになる。

皆、気が急いていたのだろうし、何とか雨の降る前に終わらせなくては、という使命感もあったのだろう。予定していたすべての収穫を終えて時計を見ると、日付が変わって日曜日になっていた。


機械の後始末を終えた頃、畑ではクリストフが気を利かしてアペリティフを用意した。

未だかつてない深夜の談笑の後、私はシャルルと一緒にまた醸造所への暗い夜道をとぼとぼと戻った。収穫は終わったが、我々にはまだ仕事が残っていた。

「毎年こんな風なのか？」とシャルル。

「今年は特別さ」

この仕事に就いて初めての収穫を経験するシャルルの表情には、戸惑いと不安が入り交じっていた。

最後のタンクの分析を終え、「また明日」と言って家路についた。

時計を見ると、すでに朝に近い時間になっていた。

日曜日の醸造所は、昨日とは打って変わって静けさが支配していた。

その日の午後から天気は崩れだし、月曜日からは予報通り冷たい雨が降った。火曜日も水曜日も断続的に降り続き、雨量は50ミリに達した。

木曜日になってようやく晴れ間が広がり、我々は残りの2区画を手作業で収穫した。

このときには、すでに灰色カビ病が蔓延していたため、丁寧な選果をしながらの収穫となった。

金曜日土曜日はまた雨が降った。平年の9月の平均降雨量の約80％が、この1週間に降ったことになる。

週末の雨をやり過ごしてから収穫した近隣のシャトーにくらべ、健全果を収穫できたことの意味は絶大なものがあった。

この年、我々は本当に成功したと確信した。

我々は収穫するブドウ果に対し、「適熟果」と「健全果」の両者を目標として、栽培に注力してきた。

ここ数年の収穫時の天候は、必ずと言っていいくらい、雨との戦いだった。

一度に何百人という収穫人を畑に投入できない我々にとって、収穫機は多大な利点を与えてくれる。

速やかに短期間に収穫できるという利点を生かすべく、何をなさねばならないか。

1人1人が収穫したブドウを、オット（hotte）またはサックァド（sac a dos、一般的にはリュックサックの意）と呼ばれる背負子に入れて、トラクターまで運ぶ

背負子には30kgものブドウが入る。かなりの重労働だ

我々は収穫時、人を投入して灰色カビ病に侵された病果を選果する方式より、人手の投入時期を幼果期に当て、除葉などで確実にブドウ果が一日でもより早く熟すよう作業し、収穫時に健全果の状態に危険信号が灯りそうになったら、素早く収穫してしまう方法を選んだ。

草生栽培のメリット

さて、1998年は好天が長続きせず、収穫はそれぞれの日のわずかな晴れ間を選び、昨日は半日、今日はタンク3本分といった具合に小刻みな作業を強いられた。

メルロの収穫まで、病果は皆無に近かった。

それから約1週間後にカベルネに移った頃、砂地の畑ではすでに灰色カビ病が蔓延していて、この区画は手作業で収穫せざるをえなかった。

このような年は草生栽培区に分があるようだ。

この草生栽培も、当時大いに推奨され、多くのシャトーで広まった栽培方法だ。

一般的に水分供給が不足した場合、ブドウ樹と下草との間で水分収奪の競争になる。

また、土壌のやせたブドウ畑では、ブドウ樹と下草とで、とくに窒素を奪い合うことにもなるといわれている。

確かに剪定する枝の重量をくらべると、草生区の方が剪定量は少ない。生育が抑制されていることは事実だ。

しかしこのことで、生育期間を通じ、徒長が抑制されていると考えたい。

我々のように、少々内陸に位置するブドウ畑の土壌は、大河沿いの砂礫質の土壌と違い、粘土を多く含む。生育状況を見ていてもはるかに生育旺盛だ。この生育を多少抑制できる利点がある。

さらに効果的なことがある。

ブドウの収穫期、雨が降るとブドウ樹は水を吸い上げ果粒に届ける。下草も何もなければ、ブドウ樹は降った雨をいっぱいに吸い上げる。

このとき、下草があれば水分の競合がおきる。

これによりブドウの裂果の被害を低減することができるし、その後の地中の水分は、下草の蒸散作用により外に逃がすことができる。

このような研究成果が発信され、１９９０年の後半、内陸に位置するブドウ畑には、草生栽培がまたたく間に広がっていった。

ヴィニュロンたちの四季

第12話 仕込み

メルロからカベルネ・ソーヴィニヨンの収穫に移る合い間の数日間、系列のシャトーから収穫をするための人手の依頼があった。

「私はいや。あそこのシャトーだけは行きたくないよ」

とベルナデット。他のヴィニュロン達も異口同音に同じ気持ちを訴える。

長い押し問答の末に渋々承諾し、ふくれっ面のままトラックに乗り込んだ彼らに、「いい仕事をしてこいよ」とおどけてみせた。

いっせいにこちらを向いた彼らは、苦笑いをしながら中指を天に向けて突き立てる。

我々も他の系列シャトーに人手を依頼することがあり、お互いさまだ。彼らには可哀想だが、断るわけにはいかなかった。

病果が出たときの仕込み

すべてのブドウ果がタンクに収まった10月中旬、前年の１９９７年から我々の醸造顧問になったボルドー大学ドゥニー・デュブルデュー教授（１９４９-２０１６）の訪問があった。

タンクの様子を確認しながら、いろいろな話をしている時、教授は「１９８５年、たった１日でタンクの中が真っ白な菌糸で覆われているのを見たことがある。しかも、こんな長さでだよ」と言って親指を突き出した。灰色カビ病に侵されたブドウ果を仕込んだタンク中のもろみの表面に、菌糸が一面にはびこったのだという。

こんな話を聞くと空恐ろしくなってくる。

そこでこの年は、ブドウ果の破砕時に添加する亜硫酸濃度を例年にくらべ若干高めにした。アルコール発酵が始まるまでの期間は、もろみとタンクの天井までの間隙に雪炭酸を投入して、炭酸ガスで満たすことを忘れなかった。

そして、すべてのタンクに例年より速やかに酵母を添加して回った。

通常我々は酵母をタンクに投入するとき、常に新しく乾燥酵母を水和させ添加するのだが、こちらでは、時おり発酵旺盛なタンクの呑み口からホースとポンプを使い、発酵しているもろみを隣のタンクに少量移す。

新たに酵母を使わず、発酵もろみを酒母として次々に分注していく方法、いわゆる「連醸」が行われているのだ。

乾燥酵母は高額で、気候の関係か日本ほど汚染のリスクも少ないため、普通に行われているようだ。

だが、日本でワインづくりを経験してきた私は、シャトー・レイソンでも常に乾燥酵母を水和して各タンクに添加した。連醸、こればかりはどうしても受け入れがたかった。

白ワインの性格は発酵前の処理で決まる

白ワインの性格は通常、発酵前処理の段階で決まってしまう。

白ワインは、収穫したブドウ果を除梗破砕して圧搾し、得られた果汁を滓下げしてその上澄みから得られたもろみを発酵させるのが一般的だが、除梗しないで房のまま圧搾するホールバンチプレス、除梗から圧搾まで一定時間置いて果皮からの諸成分抽出を行うスキンコンタクトなど、各品種、各地域、また生産者の意図するところにより、さまざまな作業形態が存在する。

次に行う果汁の滓下げも、その清澄度をどのくらいにするかなど、いくつもの選択肢が存在する。

その後はタンクの中で発酵させるのか、または樽を用いて発酵させるのかを選択し、発酵中は温度管理を徹底すればよい。

つまり発酵前の段階で、つくるべき姿がある程度決定されるのである。

赤ワインの性格は発酵中の作業で決める

ところが赤ワインはこれと反対で、つくるべきワインの姿は、発酵中の操作で目指すべき方向に持っていかなければならない。

赤ワインは収穫されたブドウ果を除梗破砕し、その果皮も種も一緒になったもろみをタンクに入れ、これを発酵させる。

発酵が始まると、タンクの下に大きなプラスティックの桶を置き、タンクの飲み口からもろみをこの桶に勢いよく落とす。このもろみにホースを差し込み、ポンプを使ってタンク上部に循環させる。タンクの天井には円錐型のステンレス板、または回転式の撒水器がついており、上がってきたもろみは、タンク上層にあがった果皮（果帽）の上に満遍なくまかれていく。

発酵が進み、徐々にアルコール濃度の高くなったもろみが果皮の間を満遍なく通っていくと、果皮に含まれている色素やタンニン分がより抽出されるのである。

この液循環（ルモンタージュ）を行うことで、もろみの温度も安定してくる。

液循環にはもう一つ、酵母の増殖に必要な酸素が供給されることも、重要な効果としてあげられる。

タンクの飲み口から落としたもろみをポンプでタンク上部にくみあげる液循環作業

もしこの液循環を行わなかったら、もろみの中の糖分がかなり残ったまま発酵は停止してしまう。このような液循環を1日どのくらいの頻度でいつまで続けるのか、また発酵中のもろみの温度を最高何度までに抑えるのか。

さらに発酵の終わったタンクからいよいよワインを引き抜くまで、どのくらいの期間、果皮や種と一緒に醸したままにしておくのか。

赤ワインは発酵初期から終わりまで常に何か働きかけを行い、気を配っていなければならない。

デュブルデュー教授のコンサルで変えた仕込み方

仕込みでは、この年の前年から、従来のやり方を変えたことが二つあった。

一つは、ブドウの病害防除に使用する銅剤を極力減らしたこと。

前述のドゥニー・デュブルデュー教授のコンサルにより、赤品種の香りをより引き出そうとしたのだ。

教授はソーヴィニヨン・ブランの香りの作用機作を解明し、当時「白ワインの魔術師」と言われていた人である。

赤品種にも白品種同様、柑橘の香りを表現する前駆体が含まれている。多量に含有するフェノールに邪魔されて、白品種ほどの香りは発現しないが、果実の風味を十分下支えする効果はあるという。

ところが今まで薬剤散布に使われてきたボルドー液の成分である銅剤の使用は、この柑橘香の発現を大いに邪魔してしまう。

そこで、すべての区画において、それまでの防除暦の見直しを行い、収穫に備えた。

その結果、そのミレジムの中では非常に果実香が華やかで、今までのスタイルとは違ったワインに仕上がった。

この情報をもとに山梨の甲州でもボルドー液の使用を制限した結果、シャトー・メルシャンの甲州きいろ香に行き着くことになった。

そしてもう一つは、「デレスタージュ」という手法を一部導入したことだ。

デレスタージュとは、赤ワインの発酵中にもろみの一部をタンクから引き抜き、それを別のタンクに入れて1～2時間程度別にしておき、再び果帽の残ったタンクに戻す方法である。

デレスタージュ中、引き抜いたもろみから一部の種を取り除くことによって、未熟な種子から抽出される収斂味のあるタンニンを抑える効果もある。

他の利点としては、果皮からの抽出を促進し、ワインの収率をやや増加させる効果も報告されている。

そして一番の効果は、フェノール化合物をより穏やかに抽出することで、よりタンニンが滑らかなワインになることだろう。

しかしこの操作は、発酵が旺盛な時期に行わなければならない。

発酵が穏やかになってからでは、液温の低下を招くこととなったり、酸化を助長してしまうことにもなる。

「この2つのタンクはもう2日目だし、暖めようか」

発酵初期から中期にかけて液温の上がらないタンクは暖めてやらなければならないが、当時、我々の設備はいささか旧式だった。

そこで、飲み口の下に桶を置き、その上に網を置いてもろみと一緒に出てくる果皮を分け、漉したもろみを別のタンクに移して加温し、また元のタンクに戻す方法をとった。

液温が低く沸きつきの遅いタンクでは、果皮はまだタンク上部に上がっていないため、飲み口からもろみと一緒にどんどん出てきてしまう。

そこで網をかませて果皮をすくっては、他の桶に入れる手作業を延々と続けなければならない。

毎年、加温ができる新式の設備なら、どんなに楽だろうと思っていた。

かつての塩尻分場は、仕込みを体で覚える道場だった

こんな状況で作業をするとき、いつもある光景が思い浮かんできた。

それはデイヴィス校に留学する前年の1987年、長野県塩尻市にあるメルシャンの当時塩尻分

場と呼ばれていた施設で仕込みを行ったときのことだ。

醸造設備は除梗破砕機、旧式の圧搾機、上部が開放型のホーロータンク、隣の建屋には大きなコンクリートタンクがひっそりと置かれていた。近代的な器具は一切なく、何をするにも人力が主だった。

この施設に毎年4名程度の従業員が泊まり込みで勝沼から出向き、仕込みを行っていた。

まさに、仕込みを体で覚えるための道場だった。


仕込み終盤には、ホーロタンクの中で赤ワインになった液体をホースでくみ出し、残った果皮を外に出して圧搾する作業（カス出し作業）が待っている。

しかし、このタンクには果皮を取り出すためのマンホールがなかった。

そこで1人がスコップをもってタンク内に入り、タンクの上に2人を配置。タンク内のスタッフがロープをくりつけたブドウの収穫箱に果皮を入れると、上の2人がそれをロープで引き上げ、果皮を圧搾機に投入する。

連日、これをひたすらくりかえし、何十トンもの果皮を人力でタンクから排出した。

この作業は、その何年も前から引き継ぎながら行われていた。指名されたときは気が重かったが、1シーズン終了する頃になると、仕込みのすべてを体得した達成感を感じるようになるのだから、不思議なものである。

シャトー・レイソンでは、このときの光景がそのまま、繰り広げられていた。

タンクの中で行うカス出し作業

ここで体験する様々なことは、次の世代を担うワインづくりに携わる人達にとって、きっと生涯の糧になるだろう。

このシャトーがずっと我々の拠点として発展していくことを、願わずにいられなかった。

ブドウ畑では紅葉が始まった

仕込みの時期、我々は朝暗いうちから醸造所に入る。仕事を終えて外に出るのは、夜になってからだ。ましてこの年は、天気が良くなかったから、太陽を見ない日々が続いていた。

そんなある日、ヴィニュロン達が醸造所の中に集まりだした。

いよいよ出来上がったワインをタンクから引き出す、カス出し作業が始まるのだ。

若手のジャンクロード、アブデールとジョンマリーの3人は、連日大きいタンクからカス出しを行うことになった。

作業は3人1組。2人がワインを引き抜いたタンクの中に入り、タンク下部のマンホールから、スコップを使って残った果皮や種などカスを外へ出す。

他の1人は外にいて、それを圧搾機に押し込む役である。

午後になり、大きなタンクが並ぶ階上からジョンマリーの大きな歌声が聞こえてきた。

「おーい、酔っぱらっちゃったか？」

小さなタンクの中にいた我々は、からかうようなやり取りをしばらく続けたが、彼もつらい労働を紛らわすためには大声を出すしかなかったのである。

一段落してタンクの外に出ると、アブデールが醸造所の大扉の前にいて、「こっちへ来いよ」と我々を呼んだ。

何事かと思い駆けつけると、急に大扉が開かれた。

「うっ！」

言葉にならない強い衝撃。

眩しい太陽の光が射し込んできた。

久しぶりに見る日の光が、身体に染み入っていくようだ。

目が慣れてから畑を見渡すと、すっかり紅葉が始まったブドウ畑の中に、エレーヌの働く姿が見えた。エレーヌは仕込みに参加せず、畑作業を続けていて、この時期は枯れたブドウの樹を取り除いたり、ブドウの枝を両側から挟んでいた針金を外す作業を行っている。これから始まる剪定作業の準備作業だ。

「俺達も来週から畑だよ」

耳元でアブデールの声が聞こえた。

ヴィニュロンたちの四季

第13話

晩秋の情景

フランスでは、秋から冬はジビエの季節。ジビエとは狩猟の対象となる鳥や獣のことだ。狩猟が解禁されるとともに、その獲物がスーパーや町の肉屋に並び、村のレストランのメニューも、ジビエ料理が季節の彩りを添え始める。

ジビエはウサギ、シカ、イノシシ、それにキジなど、日本でもなじみのあるものが多かった。日本人が旬を好むように、彼らも旬を尊ぶのである。

ブドウ畑のウサギは我々のものだ

フランス人の友達も、みんな狩猟が好きだった。

ある夏の日、農場の責任者が「野良犬がブドウ畑に出没して、野ウサギを追っているようだ。役場に行って何とかしてもらわないと」と息巻いて出かけていった。

後で真意を聞くと、こういうことだった。

「この畑は我々のもの。畑にいるウサギは、秋の狩猟シーズンになれば我々の獲物になる。野良犬に獲られてたまるものか」

野良犬は、大事な獲物を横取りしてしまう不届き者なのである。

こんなに一生懸命守り通すほど、狩猟は彼らの生き甲斐であり、生活に密着し、浸透していた。

我々の職場でも、シーズンが近づくと、雑談のほとんどは狩りの話題で盛り上がった。

狩猟シーズンに、何度か彼らに同行したことがある。

日の出前の一番寒いころ、防寒具に身を包み、狩りの始まりとなった。そして昼前には終わり、仲間の家に集まる。

獲物は奥方たちに委ねられ、我々は料理ができあがるまで、お酒を飲みながら今日の成果を自慢しあうのである。

夜明け前から始めるブドウ畑での狩猟

料理ができ上がる頃には皆の子供たちも集まり、少し遅い昼の食卓を囲みながら、おしゃべりは延々と続いた。

このおしゃべりこそが、彼らの一番の楽しみであることは、だんだん理解できるようになった。

ボルドーの冬は、毎日曇り、また雨の日が多い。

気候のせいか、人々の表情は夏にくらべて、心なしか陰鬱に映る。

冬に向かって、開放的に仲間同士で団らんできるのは、この季節が最後となるのだろうか。

獲物は彼らの日常の糧にもなるが、彼らは狩りを、こうした機会を楽しむための一つの手段としているのである。

農業に従事する農村部の生活は、決して裕福とはいえないが、人生を楽しむ心の豊かさは、見習うところが大きかった。

「解禁になったら、狩猟を教えてやるよ」

「ヒロシ、ちょっと来いよ」

突然呼び止められ振り向くと、ミッシェルがいつになくニコニコしながら手招きしていた。

彼は車のトランクを開けながら、「ほら、お前のために用意したよ」と言って、一丁の猟銃を私に手渡した。

数日前、皆が集まって、やけにそわそわして狩りの話をしていた。

銃など手にしたこともない私は、別世界のことと思いながらも話の輪の中にいた。

冗談から自慢話へと、途切れることなく彼らのおしゃべりは続く。

話の流れで「今度連れていってくれよ」とつい言ってしまったら、赤ら顔のミッシェルがこれに反応した。

「よし、解禁になったら俺が教えてやるよ」

渡された猟銃を両手で受けとり、戸惑いながら礼を言った。

まさか本気にしていたとは思わなかったが、せっかくの彼の好意だ。無にしたくはなかった。

ずっしりと重く冷たい感覚は、困惑からやがて私の中に興味を芽生えさせた。

「さあ出かけよう」

ミッシェルに急かされて、車に乗り込んだ。

狩場に向かう車の中で、私はただぼんやりと猟銃を眺めていた。

狩場につくと、すでに仲間のフランクやクリストフが身支度を整えていた。

我々も長めのブーツに履き替え、猟銃を肩に担いだ。皆の銃と比べると、いささか旧式の上下二連式の銃だ。

銃床を肩にあてて構えてみると、すでに一人前の狩人になったような気分がする。

散弾をふた掴み程もらい、コートのポケットに閉まった。

狩場は収穫の終わったブドウ畑の端だった。

11月のこの時期になると、グリーブという鳥が南方への渡りを始める。

日中はブドウ畑などで南へ渡るための餌を探し、夕方はブドウ畑から南に隣接した森のねぐらへ帰っていく。

このような移動を繰り返しながら徐々に南へ南へと下っていき、やがてはアフリカ大陸まで渡っていくらしい。

グリーブは日本のツグミとそっくりで、飛翔するときの形や習性などツグミとまったく同じ。ただ羽根の色が灰色がかっているくらいの違いだった。

我々は夕方、このねぐらへ帰る時を狙うのである。

ミッシェルが用意してくれた的を立木の上に吊るし、私だけは皆と反対の方角を向いてその的に狙いを定めた。まずは練習である。

「ドーン」という轟音と共に、その周辺の葉っぱが揺れた。

続いてもう一発撃ってみた。今度は的が揺れた。

肩には心地よい衝撃があって、満足感が広がった。

ふと後ろを振り向くと、皆の迷惑そうな視線があった。

「おまえが撃ったら、鳥がこっちへこないだろ」

「いやー、すまんすまん」

今度は皆が鳥を狙って撃つ音に合わせて、的撃ちをおこなった。

はじめての獲物

次の日、近くのタバに出向き散弾を一包み買った。店に出てきた老婆とは顔見知りだった。

タバとは、日本でいえば雑貨屋のような店で、新聞や簡単な食品、そして散弾も販売している。

タバは各村に1件くらいあって、村の社交場でもある。

この地に最初に滞在したとき、実はこのタバの主人の招きでここの離れに住んだことがあり、それ以来の付き合いだった。

そして、なんとここの主人は、当時から全フランスタバ協会の会長だった。

そんなよしみで、会長宅の来客には、我々のシャトーを開放し、ワインも提供していた。

フランスにも日本と同じようなワインづくりに係る法律があり、醸造時に補糖する場合は、その証拠書類を必ずその当日、このタバに届けなければならない決まりがあった。

そんなこともあり、タバは村の中心的な存在でもあった。

「グリーブを撃つのかね？」

「鳥ならこのサイズがいいよ」

「気をつけるんだよ」

そんな会話をしながら買い求めた散弾を、当日、コートのポケット一杯に詰めて出かけた。

畑に着き、だいぶ慣れてきたので、飛んでいるグリーブに向かって狙いを定めた。

だが、動かないものを撃つのとは違う。まったく命中しない。

それから数日後、ようやく一羽、撃ち落すことができた。

シーズン中、何日も彼らについては行ったのだが、獲物は後にも先にもこの一羽だけだった。

送別会のサプライズ

翌年の2月、彼らと一緒に過ごす赴任期間が終わりに近づき、私の送別会が開かれたときのことだ。

この国の送別会は日本とは逆で、出ていく人が残る人に、お世話になりましたと宴を催すのが通例となっている。

皆を招いたレストランで、シェフがにやにやしながら銀色の覆いをかぶせた一皿を、テーブルの真ん

ヴィニュロンが見事仕留めたグリーブ

中に置いた。

「あけてみろよ」

皆の合唱に押され覆いを取ると、そこには1羽の鳥を使った料理が盛られていた。

彼らに連れていってもらったブドウ畑での狩りで仕留めた、あのグリーブだ。

思い出深いその鳥の脇に、小さなリボンと、送別のメッセージが添えられていた。

今でも収穫時の喧騒が過ぎ去り、葉を少しずつ落としていくブドウ畑を歩き、色づいた山々を観ると、このときの光景が懐かしく想い出される。

ヴィニュロンたちの四季　**第14話**

樽詰め

12月に入り、外の様子は霜枯れ時（どき）。ブドウの樹には、もう1枚の枯れ葉すら残っていない。仕込み時期の喧噪が嘘だったように、醸造所内には再び静寂が戻ってきた。

MLFが終わると品質別に樽に詰める

その静けさを破るように、時おり「ボコボコボコッ」「ボコボコボコッ」という音が聞こえてくる。MLF（乳酸発酵）で生じる炭酸ガスが、タンクの一番上に取り付けてある水封器のふたを、妙に規則正しく押し上げているのだ。

一度貯まった炭酸ガスを吐き出すとしばし休み、またタンク内の圧力が高まると、ふたはその力に抗しきれず中の炭酸ガスを外に吐き出すのである。

この年のメルロから醸したワインは、例年になくＭＬＦが長引いた。

これはメドック全体における特異な現象でもあった。


ＭＬＦが一段落すると、いよいよでき上がったワインを一堂に利き酒し、品質別に分け、それぞれの区分を１つの単位として別々に樽詰めを行う。

仕込み中は大勢のヴィニュロンたちで賑わった庫内も、今ではここを預かるメートル・ド・シェのシャルルと、我々だけになった。

新しい樽の到着を待って、古い樽との入れ替えを行い、樽の中心部を帯状にワインの滓で赤く塗り、用意は整った。

このとき使う滓は、ＭＬＦを終えた後に引いた細かな滓を使うのが慣わしになっている。

新樽の内部の焼き方は、毎年ミディアムからミディアム・プラス。

軽い焼き方だと、タンニン分が多い代わりに燻した香りは弱い。

一方、強すぎるとミディアム・プラス付近はバニラ香が心地よいが、それをピークに過ぎたるは及ばざるがごとしとなる。

「クリスマス休暇の前までに終わらせないとね」

「大変だ大変だ」

普通はタンクから樽へワインを詰めて終わりになるが、我々は数年前から、樽の並べ方にもこだわり、正確に一直線になるよう調整している。

30樽程度が1つの区画となっている横に道糸を張り、その糸にあわせながら樽の横に水平器をあてて、まっすぐに並べていくのだ。

「俺の一番いやな仕事だよ」

「少しくらい曲がっていたって、中身が変わるわけはないだろう」

数百の樽の位置を慎重に調整していくのは確かにめんどうで、忍耐のいる仕事でもある。

シャルルが働き始めたばかりの頃、彼が怒って樽の側板をけ飛ばし、うっぷんを晴らしていたのが思い出される。

しかし年が経ち、今では率先してその仕事をこなしている。

彼にもシャトーとしての全体がようやく見えるようになったのだろう。

ワインを樽で育成する4つの目的

さて、なぜ赤ワインを樽に入れるのだろうか。

その目指すところは、４つほどある。

1 樽の中でワインを育成している間、清澄化されること。
2 ワインの持っているタンニンとアントシアンが結合し、色の安定化がなされること。
3 タンニンが縮合していく現象により、収斂味が減ること。
4 樽由来の香りがワインに与えられること。

また新樽を使用する意味は、古樽にくらべ、右の２以降について、より効果的なためである。

オーク材にもいろいろな種類がある

ここでワインを育成させる樽に使用する樽材（オーク材）について説明しよう。

樽材として使われるのは、世界中の樹木のなかでも主に３種。セシルオーク、ペドンキュラタ（コモンオーク）、ホワイトオークだ。

３種とも植物の分類上は、ブナ目ブナ科コナラ属（学名はケルカス）に位置しており、フランス産の樽材には、ペドンキュラタとセシルオークが使われる。

オーク材は、かつては「カシ」と訳されることも多かった。日本人がイメージするカシは常緑樹のシラカシやアカガシであることが多いが、オークは落葉樹のカシワやナラに近い樹種である。そこで、日本語では「ナラ」と呼ぶのが適切だろう。

ナラの仲間は雄花の形から尾状花序群とも呼ばれ、春先には獣の尻尾のような花がたくさん垂れ下がる。

カシも植物の分類上は尾状花序群に属すため、カシと訳しても決して間違いではないが、ワイン用の樽材に使用するのは、落葉樹の樹種である。

ペドンキュラタとセシルオークの特徴を、もう少し詳しく見ていこう。

年輪の間隔が広いペドンキュラタ

ペドンキュラタは、英語でコモンオーク、リムーザン・オークともいわれ、おもにオー・ド・ヴィー（蒸留酒）に使用される。

リムーザン産の樽のほとんどは、この樹種が使用されている。

ペドンキュラタは「粗目（あらめ）」と呼ばれ、年輪の間隔がセシルオーク（おもにワイン用に使用される）よりずっと広い。

とくに夏材の繊維部がよく発達しているため、材全体の間隙の割合が少なく、セシルより若干重量のある材となる。

ちなみに両者の重さを比較すると、ペドンキュラタは約719kg／㎥、セシルオークは約635kg／㎥程度となる。

ペドンキュラタはタンニンが多い一方、香りの成分が少ないため、一般的にワイン用にはあまり使われていない。

しかし、スペインのリオハでは、セシルオークより、この材の方がよい結果を得ているという事実もある。

また、ユーゴスラビア、ハンガリーやロシア産の樽材はおもにこの樹種だが、生育する地域が異なると、材の特性もこの限りではなくなってくる。

たとえばロシア産の材は木目が細かく、その性質はペドンキュラタよりセシルオークに似ているが、やはり香りの成分が若干少ない。

ペドンキュラタの分布は、イベリア半島の北半分からウラル山脈とコーカサスまで、ほぼヨーロッパの全体に広がっている。

しかし、夏期に乾燥し、あまりに冷涼な地域には存在しない。

フランスにおいて、ペドンキュラタはほぼ全土で観察できるが、とくに中央山岳地帯から大西洋にかけての地域で、主要な樹種となっている。

各枝は大きく曲がりくねり、樹高は約25メートルに達するため、樹冠はかなり大きいものとなる。春先の展葉時、枝先に花束のような葉をつけ、ドングリは特徴のある長い柄を持ち、ほとんどが2つずつ着生する。

この種は肥沃な粘土質の土壌を好むとされる。

経済的な樹齢は150年から200年となり、このくらいの樹齢に達すると伐採の対象となる。

年輪の間隔が狭いセシルオーク

セシルオークは、ワイン用に使用される。

アリエールやトロンセ産の樽材は、主にこの樹種が使用されている。

セシルオークは年輪の間隔が狭く、またこの間隔が規則正しく2ミリメートル程度に並んだものが上質とされており、樽製造業者から「細目(ほそめ)」と呼ばれている。

セシルオークの分布は、イベリア半島北部から、スカンジナビアの南部まで、また東の限界はポーランドと西ロシアまでだ。

このうち、フランス中央部からその北部までが、主要な分布地域となる。

樹高は約30メートルに達し、樹姿は日本のスギやヒノキのようにまっすぐで、遠くからでも非常に壮観に映る。

ドングリは、ペドンキュラタとは違い、有柄ではなく、葉の上に直接置かれたように着生する。この種は穏やかな大西洋気候を好み、ペドンキュラタより太陽光を必要としない。また、決して肥沃な土地でなくとも十分に生育するようだ。

もう1つの樹種は、アメリカ産のホワイトオーク（アメリカンオーク）だ。この材はヨーロッパ産の材にくらべ、木の香りやキャラメルのような甘さを連想させる香りが顕著となる。

同じ樹種でも産地によって特性が異なる

これら3種のオークは、ヨーロッパ産材とアメリカ産材で、大きな特性の違いがある。

通常樽材は、日本の木桶が「板目(いため)」の材を使用しているのと異なり、「柾目板(まさめ)」が使われるため、一本の幹を薪割りの要領で割って樽板を作る。

ヨーロッパ産材は油圧の斧を使い、丸太の中心から周辺部に向かって放射状に、年輪が平行になるように縦に割っていかなければ、板にしたときワインが漏れてしまうそうだ。

ところがアメリカ産材はこれに関係なく、鋸を用い材を挽いてもこの心配はない。

つまり、同じ大きさの原木から樽を作った場合、フランス産材に比べ、アメリカ産材を使ったほうが多くの樽を作れることになる。

日本の桶は板目材を使うと書いたが、日本の桶はスギの樹を連想するとわかりやすいかもしれない。

樹木の生えている状態の幹を1mくらいに切って、それをそのままくり抜いたような板の使い方だ。桶の上部から側板を見ると、樹の年輪は桶の円に沿って見ることができる。

一方ワイン樽は、樽を立てて桶と同じように置いて円形の樽の縁の材をよく見ると、年輪は円に対して直角に縦方向に見ることができる。

実用面でメリットがある樽の形状

次にワイン樽の形状を見てみよう。

樽は側板がカーブして中央部がふくらんだ形になっているが、この形状は外部からの力や内部の圧力を分散させ、大きな過重に耐えることができる。

このカーブは、ワインが貯蔵中に目減りしても、空気に接する液表面積を小さなままで維持できる形状でもある。

樽の中で育成期間中に滓が沈殿するとき、滓を小さな面積に集めてくれる形状でもある。さらに、樽を横に寝かせれば、中央部がふくらんでいることで接地面が一点となり、持ち上げることなく、ころがして容易に移動できる利点もある。

樽の形状は、実用面からいって非常に優れたものだ。

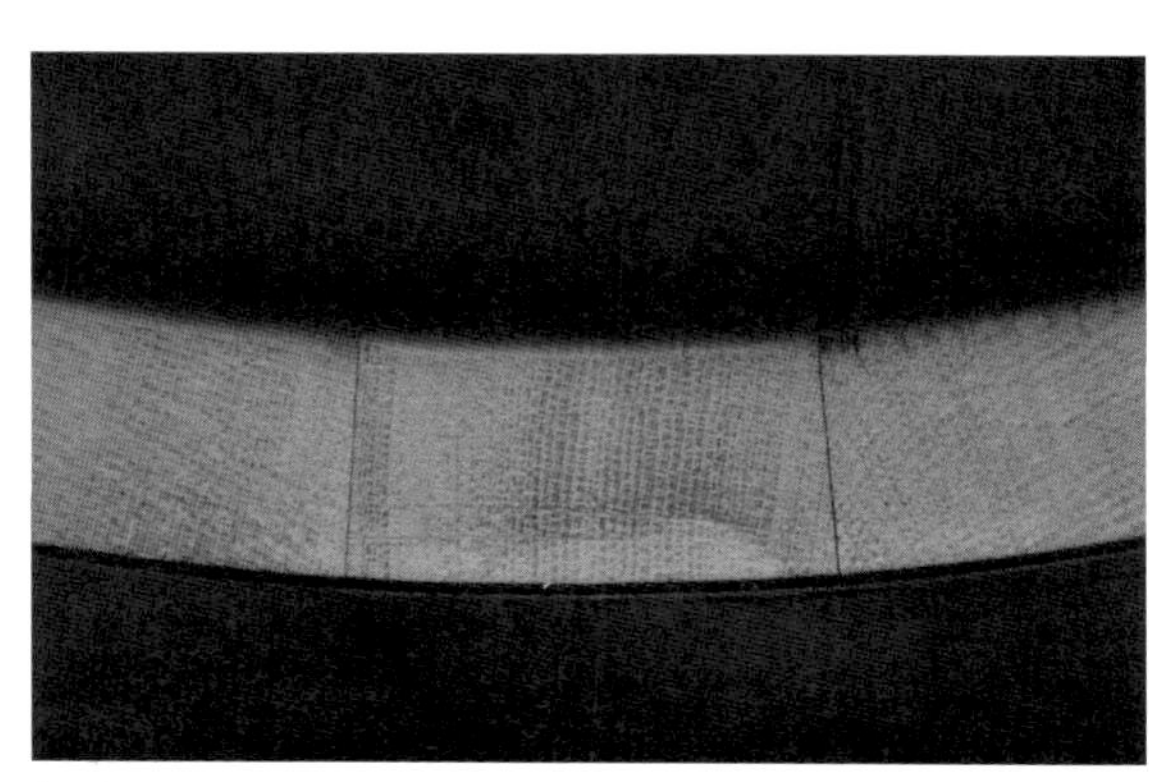

柾目板を使うワイン樽

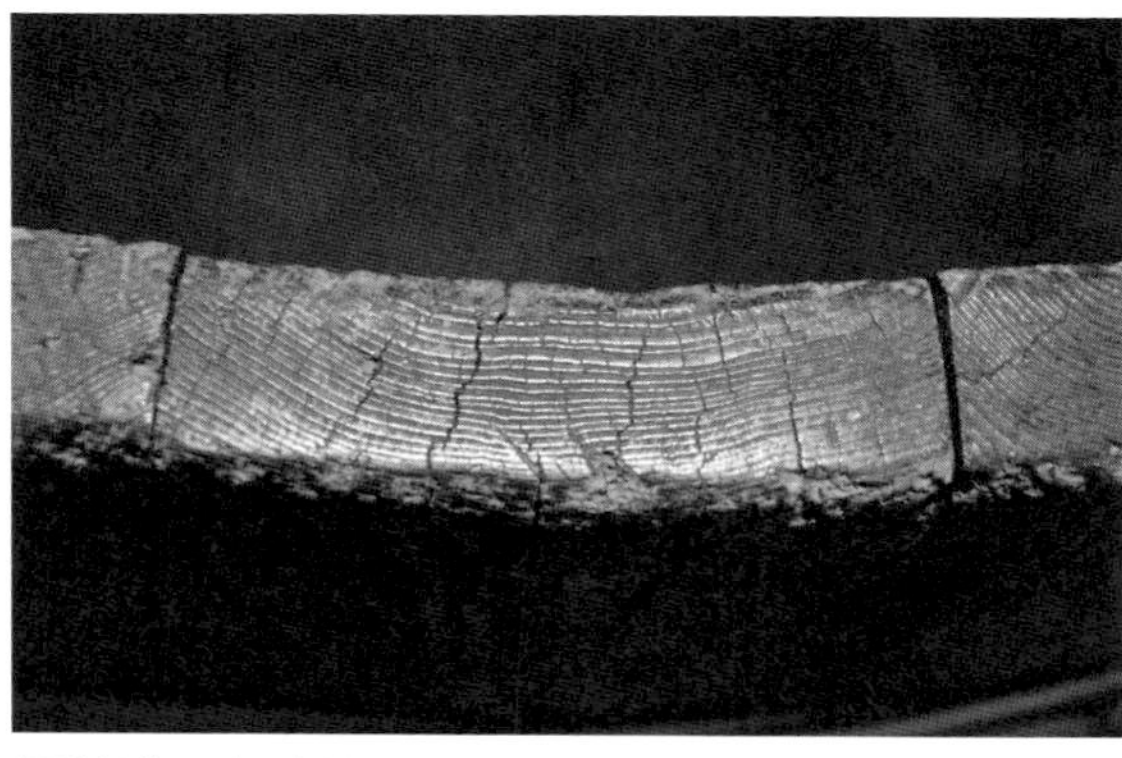

板目材を使う日本の木樽

樽は長い時間を手間をかけて作られる

この樽を作るとき、まず太い幹を油圧式の斧で縦割りにする。ずっと割って行くと、切り口が三角形の長い材になる。これに鉋(かんな)をかけて柾目板にする。

その板を井桁に組み、屋外で風乾させる。期間は約2年、なかにはもう1年長く屋外に置く材もある。いわゆる自然乾燥である。

過去アメリカの樽メーカーが、乾燥期間を短縮し、効率よく樽を作ろうとして火力で乾燥させた樽を作ったそうだが、その樽で育成したワインは青臭く、苦く渋いものになってしまった。伝統国で行われている手法の意味と、費やす時間の持つ意味を思い知ったそうだ。

木材を割って樽板にしたときの水分は、おおよそ80％弱。その後水分は、約2年間の乾燥で20％程度まで減少する。

その間、屋外で風雨にさらされながら積み置かれた樽板には、降雨により水溶性物質が溶脱し、自然乾燥中に表面の菌糸が広がり、樽材の10㎜くらいまで侵入する。

この酵素により木質の生化学的な変化、化学物質の酸化などがおこり、樽板は熟成していく。雨の少ない時期には、散水して表面の菌糸の生育を助けることも行う。

樽材の樹木には、たとえば我々がナスなどに感じるのと同じ苦味物質が存在するが、屋外で積み置かれる間に物質が変化し、苦味の約80％程度はなくなる。樽材による収斂味は約60％程度に低減され、樽由来の香り成分は70％程度保持される。

こうして樽板は十分に熟成してから、樽に組み立てられる。

樽は輸送用の器として普及した

樽材に使用する樹（オーク）は、ヨーロッパ、とくに中世のフランス全土で、宗教儀式や正義のシンボルとして広く使用されていたようだ。

もちろん家具の材料や造船の材料などにも使われ、家具の材料としては今でも高いニーズがある。樹にできた虫こぶは、タンニン分を非常に多く含むので、皮なめしに使用されていた。樽が一般的に広く使用される以前は、そのなめした革袋にワインを入れていた。

樽の起源は、紀元前9世紀頃の小アジアであったとされている。もちろんワインを貯蔵するためのものではなく、油など他の液体をいれておくためのものだった。

樽材は、斧で中心部を縦に割り、その後も芯の部分から端にかけて縦方向に斧で割っていき、木目が平行に並ぶ柾目板にする

板にした樽材は、2〜3年風雨にさらし、風乾させる

樽の組み立て。内部を焼きながら側板をたわめていく

最古のワイン醸造には、土を焼き固めた素焼きの壺（アンフォラ）が使われていた。

アンフォラは醸造だけでなく貯酒にも使用され、やがてワインが商品として流通するようになると、輸送用の容器としてローマ時代まで受け継がれていく。

しかしその間に、輸送の容器は少しずつアンフォラから革袋に変わっていった。

紀元前5世紀頃には、液体用の器として樽が一般的に使用されるようになったが、この頃の樽はまだワインには用いられておらず、もっぱらビール用だったという。

ワインを貯酒したり、どこかへ運ぶための樽の出現は、かなり遅かった。

2世紀頃、フェニキア人とギリシャ人によって地中海地域のワイン貿易が盛んになってくると、重く割れやすかったアンフォラは、革袋へと置き換わっていく。

3世紀頃になると、樽はローヌ河周辺で一般的に使用され始め、今日に至っている。

17世紀の終わり頃、ボルドーあたりでは、樽で発酵したワインを、そのままシュール・リーの状態でノルデックやイギリスの国々に輸出するのが一般的だった。

その後18世紀のはじめにかけて、イギリスへの輸出が盛んになったのに伴い、滓引き後のワインを新しい樽に詰めるようになった。

この頃まで、樽の用途はおもに輸送用だった。

17世紀にコルクを打栓したガラス壜が普及するようになると、ワインは壜に詰められて流通するようになり、樽はワインを育成するために醸造場に置かれることになる。

重量の単位「トン」は樽が語源

15世紀後半に使われ始めた「トン」という単位は、もともとフランスの古い言葉で樽（トノー＝tonne）を意味する。

当初は、954リットル入りの樽に入る水の重さを1トンとしていたそうだ。

過去に外国から普通に輸入した樽は、容量が2700リットルだったり3600リットルだったりしたが、トンという単位が普及すると樽をつくるときの基準が約900リットルになった。

現在、一般に使われているボルドータイプのワイン用小樽の容量は225リットルだが、これは900を4で割った数値だ。

フランスのボルドー地方がイギリス領だった12～15世紀頃、ボルドー産のワインはこの容量の小樽に詰めて、帆船に積んで世界各国に輸出されるようになった。そうして、225リットルの小樽が世界標準となったのである。

やがてワインがガラス壜で流通するようになると、225リットルを300（本）で割った750mℓが、ビンの容量として現在に至る世界標準となった。

ヴィニュロンたちの四季

第15話

トロンセの森で

日本で我々が赤ワインの育成のため新樽を使い始めた１９８５年ころ、手に入る樽のメーカーは限られていた。そして扱う樽は、使用する樽材の産地を名乗るものが多かった。

アリエ、トロンセ、そしてヌベール、ボージュ…私はフランスの地図を見ながら、それらの森に思いを募らせた。

その中でもとりわけ心惹かれたのは、トロンセだ。トロンセは森の名前で、狭い面積で、材質が細かく均一で上質な材を産出する。

この森にはいつか訪れてみたいと、ずっとあこがれていたが、ボルドー滞在中、そのトロンセを訪ねる機会を得た。

知り合った森林局の人間に連絡を取り、待ち合わせの場所まで車を走らせる。

トロンセはフランス中央部のアリエ県に位置し、ボルドーからは約５５０kmほどの距離だ。

驚くほど背が高いセシルオークの樹

春まだ浅いトロンセの森は輝いていた。

車窓から遠目に、こんもりとした丘が見え始めた。手前にはマスタードの黄色い花が、一面に咲き誇っている。

穏やかな光景を楽しみながら、丘を目指して進んでいった。

ところが近づいていくと、小高い丘に広がっているとばかり思っていた森は、とてつもなく背の高い樹が生い茂る、平地の森だった。

これほど樹高の高い大きな森は見たことがないので、小高い丘にある森と思い込んでしまったのだ。

セシルオークは、とにかく背の高い樹だった。そして、まっすぐに天を貫いていた。

指定された場所に到着すると、正面に大きな古ぼけた看板が立っており、それにはこう書いてあった。

「トロンセの森は、ヨーロッパで一番美しい」

しばらくすると、馬に乗った初老の夫婦が連れ立って、森の散歩を楽しむため前を横切って行った。

間伐をくり返し、伐採間近なトロンセの森の様子（約150年生）

樽材の産地、トロンセ

空気は澄んでいて清々しく、時おり小鳥の声が聞こえる以外は、何も聞こえない。下草にはセシルオークの幼樹が、いたる所に芽を出していた。

季節が早かったせいもあるだろうが、きちんと管理されていて鬱蒼（うっそう）とした印象はなく、明るく溌剌とした、開けた印象の森だ。

主要なオークの森は国が管理する

ほどなくして、この地域の森林局（Office National des Forêts）に勤めるボネ氏が、深緑色の制服で現れた。

ボネ氏の説明によると、この広大な森は植樹から販売まですべてが国の管理下にあり、伐採の後は計画的に植樹し、計画的な生産を行っているという。

一方、コモンオークを産するリムーザン地方では、このような管理は少なく、伐採後は自然に林になるサイクルで管理されているそうだ。

トロンセの森を歩いていると、ところどころに、赤いペンキでマーキングした樹がある。残すべき樹には幼木のときから赤いペイントを施し、無印は間伐する仕組みになっているのだそうだ。

樹齢150年を超えて伐採したばかりのセシルオークの切り株の傍らには、樹皮に赤いペンキがついた切り残しが転がっていた。赤いマーキングは伐採するまで、しっかり付けられているのだ。

フランスでは、主要なオークの森は国有林だ。各地にこのような広大な森が存在するのは、かつては軍艦（帆船）の材料だったオークを確保するため、大航海時代の17世紀から国が管理してきたからだ。

今では軍艦建造の用途はなくなったが、建築材や高級家具の材料として、オークは重要な輸出品となっている。

そのときのボネ氏の説明では、一番の得意先はなんと日本だそうだ。

森を案内されながら、伐採したばかりの切り残しをお土産に頂いた。

年輪の幅は２～３㎜と非常に狭い。規則正しく並ぶ年輪を数えてみると、１００を優に超えていた。

この材は家に持ち帰り表面をつるつるに磨き、今も大事に書庫に飾ってある。

森をあちこち歩いた後、道路沿いのカフェに入り、美しい森の景色を見ながらフランスの素敵な森の話を聞いた。

フランス全土の森林面積は、国土の約３割を占めているという。

このうち約６割が広葉樹林で、その約４割が樽材になるオークの森だ。

日本の国土面積はフランスの約半分くらいだから、日本に置き換えると、国土の約15％が樽材の森林面積ということになる。この広さは、九州と四国を合わせた広さに匹敵する。

フランスで生産されるオーク樽は、年間約18万樽（訪問当時）におよぶそうだ。

このうちボルドータイプが全体の約80％で、やはり世界的にこのタイプの樽が流通しているのがわかる。

ブルゴーニュ地方では年間約7万樽が生産されており、ブルゴーニュタイプの樽はボルドータイプの約半分ということになる。

フランスの森林の伐採量は、年間約2００万㎥で、このうち樽材向けは約9万㎥。つまり、フランス産木材の5％程度にすぎない。

国の手厚い保護で乱伐などから守られてきたフランスの広大な森。木材の年間成長量を試算すると、約1０００万㎥にも達し、森林蓄積は増え続けているという。

ヴィニュロンたちの四季 **第16話**

滓引き

雨上がりの林に目をやると、冬の寒さをじっと耐え、無機的な色彩で彩られていた木々の梢が、急にうっすら赤く煙ったような色合いに変わり、木々全体を覆うようになった。

年が明けて2月に入り、季節は確実に春に向かっている。

ブドウ畑の向こうに見える柳の枝は、日々萌黄色に染まりつつある。

民家の庭先に植えられた木蓮が、いっせいに大きな紅色の花を咲かせ、早咲き桜はすでに満開となった。

樽詰め後に目次ぎを重ねる新樽

第14話で書いたように、森から伐り出したオーク材は、割って板に削った後、3年ほど屋外で乾燥させる。

この乾燥したオークで樽に仕上げたばかりの新樽は、初めてワインを詰めたとき、樽板がかなりの量のワインを吸ってしまう。

このため、ワインを詰めてすぐの頃は、1週間に2回程度の頻繁な目次ぎ（ワインの注ぎ足し）をしなければならない。

目減りする量は、時間の経過とともに少しずつ少なくなっていき、目次ぎの回数も徐々に減っていくが、3ヶ月後の第1回目の滓引き時まで続けられる。

この間、樽はワインを出し入れするために開けられた直径約5cm程度の天星（てんぼし）（注ぎ口）を真上に置き、そこに少々重さのあるガラス栓をただ置いておく。

何度も目次ぎするので、そのつど樽栓を木槌で開けたり閉めたりしてはいられないし、こうすることにより、微量ながらワイン中に存在する炭酸ガスが、徐々に抜けていくのである。

一空き樽（いちあき）、つまりワインの育成に1回使用した樽は、十分にワインを吸収しているから、詰めたワインの液面が落ち着けば、頻繁に目次ぎする必要はなくなる。

滓引きでワインを清澄し、亜硫酸濃度を調整する

滓引きは、ワインの清澄を目的として、下に沈んだ滓を残し、上澄みを取り出す作業。樽詰め3ヶ月後に第1回目の作業を行い、それ以降は3ヶ月ごとに行うのが一般的だ。

この作業を定期的に繰り返すのには、それなりの意味がある。

ワインを樽に詰めるときは、樽育成中にさまざまな微生物の影響で変質してしまわないよう、亜硫酸を適量に調整しておく。

しかし3ヶ月くらい経つと、この濃度が低くなり、今まで活動が抑えられてきた微生物が活躍し始めてもおかしくない状況となる。亜硫酸濃度を測定すると、約半分程度に減少しているのだ。

亜硫酸濃度が低くなり、戸外の温度が上がり始める頃から活躍し始める微生物に、ブレタノミセスという酵母がある。

ブドウ果は本来、ある種のフェノール物質を含んでおり、これが発酵に関わる酵母の作用でヴィニルフェノールに変わる。

通常ならこれ以降の変化はないが、ブレタノミセスが関与すると、エチルフェノールというワインの欠点臭に変わってしまう。

これが「馬小屋臭」と言われる臭いだ。

この物質は、含量が少量のうちは「アニマル」などと表現され、不快臭とは表現されないが、量が多くなると不潔な臭いと感じるようになる。

とくに気温が上がり始める夏期は注意が必要だ。

夏の高温時に、亜硫酸が低い状態で滓とワインを一緒にしておくのは変質の危険が伴うから、必ずバカンス前に澱引きのサイクルをあてるようにする。

他にも酸化、酸敗、還元状態に置かれたため発生する還元臭等、樽詰めしてそのまま放っておくと発生しやすい事故はある。

これを未然に防ぐためにも、定期的な滓引きでワインを清澄し、亜硫酸濃度を調整する。

もちろん、そのつどサンプリングをして、造り手自身が利き酒することも欠かせない。

樽栓と酸素侵入

ところで、ワイン樽に用いる栓は現在はシリコン製の栓が一般的だが、かつては木製の栓が使われており、このシャトーでも以前は樽育成期間に木栓を使用していた。

木栓はまわりに綿の薄布を巻き、木槌でたたいて栓をするのだが、栓の位置は、そのまま最上部にしておくか、樽を45度傾けて木栓をワインで濡れた状態にしておくかのどちらかだった。

45度傾けるのには意味があった。

栓の位置を最上部にすると、樽内の上部空間の上に栓があるため栓から蒸発が起こり、外気中の酸素が侵入しやすくなる。もちろん外周の樽板からも酸素は侵入するのだが、1年間でワイン1リットルあたり100～110mg程度の酸素が樽の中に入ってしまう。

一方、45度に傾けた場合の酸素侵入は、1年間でワイン1リットルあたり68～88mg程度。この数値は現在使用されているシリコンの栓とほぼ同程度となる。

硫黄燻蒸の目的

我々は通常、最初に新樽を使うとき以外、樽詰めの前には必ず樽の中で少量の硫黄を焚く。樽育成期間中、微生物による悪影響を防ぐため（殺菌）と、減ってしまった亜硫酸を補ってやるためである。

樽の硫黄燻蒸は、オランダからの影響で18世紀から行われ始めた。

フランスではこの頃、大凍害が発生したのを機に、ブドウ栽培が本格的に広がっていった。

1894年頃になると、それまで樽貯蔵で実証されていた硫黄の微生物に対する効果をさらに発展させ、ワイン造りに応用し始めた。

これ以降、発酵について人為的なコントロールが行われるようになったのである。

樽の滓引きグラスをロウソクにかざし、濁り具合をチェックする

「おい、あと2樽くらいは大丈夫だ」

タンクの液量を確認するために、走って見に行ったシャルルの大きな声が遠くから響いた。

「こっちでポンプを止めるから、タンクを切り替えてくれよ」

「わかった」

作業場の端と端から、大声でやり取りする。

昨年できあがったワインをその年のうちに樽に詰め、それから3ヶ月たった3月に、第1回目の滓引き作業が始まった。

滓引きの2つの作業方法

樽からの滓引き作業の方法は2通りある。

一つは昔からの伝統的な作業形態を継承した方法で、上澄みのワインを別の樽に直接移し替えていく方法。もうひとつは、上澄みのワインをいったんタンクに移し、また樽に詰め戻す方法だ。

前者では、樽の上蓋（鏡）に澱引き口が開けられた樽が使われる。横置きにした樽の前面に回ってみると、鏡の斜め下に小さな穴がついている。

乳酸発酵終了後、まだタンクにあるうちに2回滓引きしたワインだが、まだまだ滓の量は多い。澱引き口の穴は斜め下約45度に開けられているため、樽底からはかなり上の部分に位置する。

作業者は、この穴の栓を抜き取って素早く管を差し込み、ここから上澄みを別の樽に移していく。一瞬の早業である。

後者の方法は、滓の厚さの分だけゲタを履かせたステンレスの管を樽上部から差し込み、上澄みだけ一堂にタンクに集める。

樽から樽へ移して滓引きする作業形態は、伝統を守り、ワインをつくっているグランクリュの各シャトーで行われてはいるものの、全体では後者の作業形態の方がはるかに多い。

ほとんどのシャトーでは、樽育成期間中に滓引きを繰り返すが、近年は樽の中で乳酸発酵を終えた後、滓引きをせずにシュール・リーの状態で長く育成させる方法もある。

ヴィニュロンたちの四季 **第17話**

ミモザの花

「ちょっとこっちへ来てくれ」

樽の滓引き作業をしていた私の肩を、シェフのクリストフがたたいた。

「どうしたんだ？」と聞くと、「外に出よう」とドアの方に歩き始めた。

「ちょっと待てよ、今ポンプを止めるから」

先に立った彼の後に続き、樽庫の外に出た。

この日は朝から、いつ止むともしれず、冷たい小糠雨が降り続いていた。

スタッフとの別れ

「何か話があるのか？」

尋常でない彼の表情から胸騒ぎを覚え、小さくなりかけた自分の声にわざと力を込めて問いかけたが、クリストフは無言のままうつむいている。

私は彼の背中を押し、雨を避けるように隣の建物を指さし、屋根の突き出した一角に連れていった。屋根下にたどり着くと寒さは少し和らいだが、横を向いた彼は沈黙したままだった。

何か問いかけようと言葉を探していたが、その言葉を見つける前に彼が口を開いた。

「ヒロシ、俺、ほかで働いてもいいかな」

「それはどういう意味だい？　まさか…」

ここまで言いかけた私を、クリストフがさえぎる。「だって、おまえだって出て行くんじゃないか」

しばらくの間、目と目が合ったままだった。頭の中ではいろいろ考えるのだが、次の言葉が探せなかった。彼はもう何も言わず、こっちを見ているだけだ。

機先(きせん)を制され、私は彼の発した一言に明確な答えが見つからないまま、長い時間が経った。

彼と初めて会ったのは、約9年前の１９９０年だった。

１９９０年7月にカリフォルニア大学デイヴィス校の留学を終えた私は、１ヶ月ほどヨーロッパの主要なワイン産地を旅した後、8月にシャトー・レイソンに赴任して1990年のワインの仕込みを行った。当時、彼はまだ独身の好青年で、私のために、宿泊先と通勤用に小型のバイクを用意していてくれた。カリフォルニアを発つ前、自転車で十分だと伝えておいたのだが、彼の好意でバイクになったらしい。真新しいヘルメットもちゃんと用意してあった。

宿は、サンテステフ村を少し北へ行ったところの、サンスューランのホテル・レストラン。道路に面し、階下がレストランになっている一室だった。

仕込み間近のため多少の喧噪はあったものの、いたって長閑な村での生活が始まった。

当初は必要ないと思ったバイクだが、実は思わぬ貴重な体験をさせてくれることになった。滞在中、宿が2週間のバカンスをとることになり、私は荷物をまとめポイヤック村にある系列のシャトーへ引っ越した。

仕込みが終盤にさしかかると、晴天続きだったせいか、朝晩の冷え込みが段々と身にしみるようになっていった。そんな朝早く、バイクでシャトー・レイソンに出勤する道すがら、いつも感じたのはポイヤックとサンテステフの境界地、ちょうどシャトー・ラフィット・ロートシルトとシャトー・コス・デストゥネルの間に横たわる低地を通過するときの、身を切るような寒さだった。

そして、コスの丘までたどり着くと、いつもホッとする暖かさに包まれた。

数日後、この発見を得意げにクリストフに告げると、「あたりまえだろう」と一笑に付されてしまった。このあたりまえのことさえ、当時の私には感動的な体験だった。

後になってブドウ畑の土壌の違い、つまり砂礫質の乾いた暖かい土壌と、粘土質の湿った冷たい土壌について口にするとき、バイクを走らせて感じたこのときの感覚がいつも頭をかすめるようになった。

駐在中、クリストフとは除葉の効果について深夜まで話し合ったこともあった。

仕事が終わった後、散弾銃を携えて狩りに同行したこともたびたびあった。

やがて時が過ぎ、1994年に2度目にシャトー・レイソンに赴任したときは、お互い家族持ちとなっていて、家族同士の付き合いとなった。

よく十年一昔と言うが、人は10年を区切りとして物事を語ることが多い。90年

クリストフが用意してくれた小型バイク。フランスでは「モビレット」と呼ばれる

代の10年間は、まさにクリストフが我々のシャトーの歴史を刻んだと言っても過言ではない。シェフとして率先してブドウ栽培に、また醸造に、懸命の努力を重ねてきた。そして常に、我々のちょっと厳しい先生であり、よき理解者で、よき協力者であった。


「今度のシャトーはいいところかい。おめでとう」

私は右手を差し出した。

頭の中では引き留める気持ちと、笑って送り出してやろうとする気持ちが渦巻いたままだった。しかしこれは、彼の人生を、彼自身が長い間考えて辿り着いた結論に相違ない。いったい誰が押し止められよう。

シャトー運営の見地から我々の利害を主張する事は簡単だ。しかし、それ以上に彼の人生を祝福してやりたかった。

思えば昨年の仕込みの頃から、そばに来ては妙な言葉を口走っていた。

「もし俺がいなくなっても大丈夫かな」

これは何度となく私もメートル・ド・シェのシャルルも聞いていたが、我々はそのつど「何処へでも行けよ。うるさいな」と言って相手にはしなかった。

仕事に忙殺され、彼の悩みにまでは気がつかなかったのだ。そう想うと目の前がパッと開けたような気持ちになり、もう一度「おめでとう」という言葉がさっきより強い言葉となって口をついて出た。

次の日、いつも通りに挨拶をしたが、目を合わせるのが辛かった。
2、3日元気のない私を見て、逆に彼の方から「元気を出せよ」となぐさめられる始末だった。

シャトーとの別れ

数ヶ月が過ぎ、ミモザの花が咲き始めた早春2月の午後、彼は家族を連れて新天地へと旅立っていった。この日もいつかと同じように、冷たい小糠雨が朝から降っていた。

時を同じくして、私も今まで持っていたシャトーの鍵と醸造所の鍵を、日本から赴任した後任の若者に手渡した。

もうこれで、自ら扉を開けることはなくなった。

特別な感慨がないと言えば嘘だが、かと言ってそれに縛られようとも思わない。妙に淡々とした気持だった。


ワインは、決して醸造家と呼ばれる一握りの人たちによってのみ造り出される飲み物ではなく、ブドウ栽培という農業と切り離せないものだ。ワインは初めにブドウありきなのだ。

1本のボトルの背景にはそれぞれに、醸造家だけでなく、ヴィニュロンの物語が必ず存在する。

〈おわりに〉ヴィニュロンとは何か?

１９９４年にボルドー駐在の辞令が出て渡仏し、ジロンド川河口の小さな町、ロワイヤンにホームステイして語学学校に通い始めた頃のことだ。授業で自己紹介をすることになり、フランス語を学ぶ目的やその後の仕事について、覚えたての不確かな言葉を使って説明した。

「この研修が終わったら、ジロンド河上流のボルドーのシャトーへ行ってワインをつくるんです」

それを聞いて先生は、「あなたはヴィニュロンなのね」と言った。だが、そのときの私は「ヴィニュロン」という言葉の意味がわからず、返事ができなかった。

それ以来、ヴィニュロンという言葉が曖昧なまま引っかかっていた。辞書を引いても漠然としていて理解が難しい。私の頭の中では、どうしてもブドウ栽培者とワイン醸造者が、それぞれ独立して存在していた。

語学研修を終え、シャトー・レイソンで働き始めて何ヶ月かが過ぎ、現地の人達と交流するようになったある日、友人が主催するワイン利き酒会の席上で、このヴィニュロンという言葉を思い出し、皆に聞いてみた。「ヴィニュロンとはなんだ?」

アントル・ドゥ・メールに小さなシャトーを所有し、ブドウ栽培も醸造も自分一人でこなしている友人は、こう説明した。「俺はヴィニュロンさ。でもお前のいるメドックでは、この言葉はブドウ栽培者を意味するんだよ」

確かにメドックでは、ブドウ栽培に携わる人達はブドウ栽培者、ヴィティキュルテュール、またはヴィニュロンと呼ばれるし、ワイン醸造に携わる人達はワイン醸造者、ヴィニフィカテールと、それぞれ分けて呼ばれることがほとんどだ。

「でも、たとえばブルゴーニュなら、皆ヴィニュロンなんだ」。引き続き言った彼の言葉を聞いて、今まで自分の内に長く燻(くすぶ)っていた言葉の本来の意味を知った。

組織が大きくなると仕事の分業が進んでいくのは世の常だが、ワイン産業のほとんどは小規模な生産体制がとられている。「はじめにブドウありき」という言葉があるように、本来は、その地域の気候風土の中で、地域の栽培者がブドウを育み、収穫したブドウを自ら醸造し、出来上がった飲み物がワインである。ブドウ栽培という農業の延長にワインが存在するのであれば、ワインづくりはまさに農業そのもの。そして、そのすべてに関与するのが「ヴィニュロン」なのだ。

ワインをつくろうとする人間は、ヴィニュロンであるべきだ。ヴィニュロンでありたい。ヴィニュロンという言葉を知って、こうした思いが私の中で大きくなっていった。

幸いにも1994年から5年間を過ごしたシャトー・レイソンは、当時決して近代的な設備を導入してはおらず、畑も、ワインの仕込みも皆が協力して、ヴィニュロンとして働いていた。ここで学んだことが如何に大きく、貴重なものであったかが想い出される。

第二部

日本でワイン用ブドウをつくるということ

——椀子ヴィンヤードの畑から

第二部では、シャトー・メルシャン在職時、長野県上田市丸子地区に椀子（まりこ）ヴィンヤード開設を担当したときの経験を中心に、日本でワイン用ブドウをつくるということについて考えてみたい。

メルシャンで広大な自社管理のブドウ畑を拓くプロジェクトがスタートし、私は畑の用地を探して頻繁に長野に出向くようになった。何度同じ道をとおり、何度同じ景色を見ただろうか。

入社当初は、山梨県から長野県に入るといつも違和感を覚えたものだ。山梨県の富士川沿いで生まれ育った私にとって、北に上がると標高が高くなるのが当たり前で、川の水は常に南に流れていた。

しかし県境の峠を越えて長野県に入ると、川は北に流れている。

小さいころから刷り込まれた方向感覚から違和感を覚えたものだが、それもいつしか、身体に馴染んでいった。

新たな自社管理畑を拓くビッグ・プロジェクト

プロジェクトの責任者になる

１９９９年5月、私はボルドー駐在の勤務を終えて勝沼ワイナリーに戻り、ヴィンヤード・マネージャーとなった。

そのころメルシャンは、ポリフェノールが心臓疾患の予防につながるという学説が広まって起きた赤ワインブーム（ピークは１９９８年）後の方向性を模索していた。

そして他社に先駆けて、日本ワイン（当時は国産ワインと呼んでいたが、本稿では日本ワインの表記に統一する）に注力することを決めたのである。

社内に小規模ながら日本ワインに特化する事業部がつくられ、勝沼ワイナリーはその事業部の所属となった。

これから日本ワインの品質向上を目指すためには、まず品質の高いブドウが必要になる。さらに多様性が求められる需要にも応えていかなくてはならない。

そのためには、原料用ブドウのすべてを、栽培農家ばかりに委ねるわけにはいかなかった。この頃から、農家の高齢化に伴い、ブドウ生産量の減少傾向が現れ始めていたのだ。

社内では自社管理のブドウ畑の必要性が議論されるようになっていた。


帰国の報告のために、当時東京・京橋にあった本社に行くと、営業系の役員に呼び止められ、こう訊かれた。

「ブドウ栽培は、他社にだいぶ遅れをとっているんじゃないか」

5年間フランスに赴任している間に、ワイン造りをとりまく状況があまりにも変化していたことに驚いた。なんと、自社管理のブドウ栽培が課題に上がっている。突然の質問に、どう答えていいかわからなかった。

新事業部の発足に伴い、新たなブドウ畑を拓くプロジェクトが始動し、私はそのプロジェクトの責任者として働くことになった。このために帰国したのか、と思った。


入社当時から、メルシャンにも自社所有のブドウ畑や契約栽培畑は存在していた。自社畑はやがてカベルネ・ソーヴィニヨンに改植され、契約栽培については秋田でリースリング、福島ではシャルドネの栽培がおこなわれていた。

自社所有の畑の大半は、離農する農家の農地を引き受けて管理することになったもの。土地の環境や土壌の特性で選んだわけではなく、地域おこしの手助けに似た条件の中で栽培を行ってきた。ところが新たなプロジェクトでは、自分の判断で、新たなブドウ畑を拓くための農地を探すことができる。醸造用ブドウに最適な地域と最適な品種を組み合わせて、理想を目指した栽培に挑戦できるようになるのだ。

当初の計画の目的には、大規模なブドウ畑で効率よくブドウの栽培を行い、それによりコストを大幅に縮小し、日本ワインの市場競争力向上を図る要素も含まれていた。もちろん、コスト意識を持ち続けていくのは当然のことだ。

その上で、我々は日本ワインの確立のため、「市場拡大するための量」と「消費者に納得していただくための質」の両立という大きな目標をかかげた。

経験したことがない仕事に一抹の不安を感じないわけではなかったが、大きな喜びの方が勝っていた。

1985年のプラザ合意以降、日本市場には輸入ワインが怒濤のように流れ込み始めた。それから約10年後には、輸入ワインの量と、国内で生産されるワイン（海外原料のワインを含む）の量が、ほぼ同じになった。

さらに1997年、突然の赤ワインブームが起こり、輸入ワインの割合は60％を超えた。輸入ワインはその後、さらにその割合を増やしていくことになる。

こうした中、まさに新たな世紀を迎えようとしている２０００年、我々の内に「日本ワイン」の胎動が始まった。

メルシャンが目指すのは、「日本が、世界的に優れた個性を持ったワイン産地として認められること」「日本のワインが、日本において、愛され、親しまれること」だった。

同業他社には、まったく逆の方針をとり、海外に生産拠点を移してコスト競争力を追求しようとする動きもあったが、数年後、ワイン業界はこぞって日本ワインを目指すことになった。

ブドウ畑の場所をどこに求めるか

２０００年に入ってブドウ畑の候補地を探し始めた頃、有休荒廃地拡大はすでに全国的な現象になっていた。特に中山間地では、大正時代から昭和初年にかけて全盛期を迎えた養蚕が、１９２９（昭和４）年の世界大恐慌を機に衰退の一途をたどっていき、１９９０年代以降は養蚕に必要だった桑畑のほとんどが、有休荒廃地となっていた。

我々は最初、新たなブドウ畑の用地を、生産拠点のある山梨県内で探した。だが、まとまった土地はなかなか見つからなかった。

そもそも山梨県の農家の平均反別（田畑の面積）は狭く、狭いがために農地単位面積当たりの生産性は非常に高い。わずかな農地でも一定の収益が得られることから、畑を貸したり手放すことに消極的な農家が多く、農地の集約化は困難を極めた。

我々はブドウ農業の収支を試算をした結果、10ヘクタール以上の規模でブドウ畑を開園したかった。この規模で栽培することにより、初期投資、購入する農機具類の償却、そして収穫したブドウの代金がどうやら栽培費用と釣り合うのではと考えた。

ところが当時の山梨県では、この面積を確保するのはまるで夢物語で、どこにも受け入れられなかった。

山梨県は古くから甲州とマスカット・ベーリーAの主産地であり、メルシャンが使う醸造専用品種は、メルロは塩尻、シャルドネは北信というように、長野県の生産者に栽培を委ねることが多かった。こうした品種の棲み分けができ上がっていたこともあり、次なる候補地は、自ずと長野県に向くことになった。

私はまず長野県庁を訪ね、各地域の状況を聞いた。早速、希望する面積が確保できそうな候補地をいくつか紹介してもらったが、長野県は都道府県の総面積ランキングで全国4位の大きな県だ。時間を作りながら、北信から中信、そして東信の候補となる地域を、何回かに分けてくまなく歩いた。

それぞれの候補地では、何日にもわたって、土地の立地状況、アクセスの状況、造成可能な農地の面積などをくまなく調べ、土地を取り巻く気象の状況もつぶさに感じ取ろうとした。

ブドウ畑は開園すれば、それから数十年にわたって、その地で生産を続けることになる。気象状況、土壌構成、水の確保、地理的な要素、そして地域の人的状況等、細部にわたって検証することはたくさんある。

丸子地区と出会い、椀子（まりこ）ヴィンヤード開園へ

長野県内の候補地を回り、ようやく東信の小県郡丸子町（まるこまち）（現・上田市丸子地区、以下丸子地区と記す）と、中信の中ほどの2か所に、それぞれ12ヘクタール程度の候補地を見つけた。どちらも養蚕が衰退した後、地元の地権者たちが農地の活用を考えあぐねていた土地だ。

丸子地区の候補地は千曲川左岸、陣馬台地の南東向きのゆるやかな斜面に広がっており、１００名を超える地権者が「陣場台地研究委員会」を組織し、広大な有休荒廃地の有効活用を模索している最中だった。

同委員会との出会いが転機となり、ブドウ畑のプロジェクトは大きく前進する。

旧丸子町の行政の皆さんには企業誘致に積極的な姿勢を示していただき、１００名を超える地

権者をとりまとめて頂いたおかげで、2003年、新たなブドウ畑「椀子ヴィンヤード」を開園することができた。(「椀子」の名前は6世紀後半、この地が椀子皇子の領地だったことに由来する。椀子は丸子の古代名とも言われている)

その後も行政や地権者の皆さんには、後の椀子ワイナリー建設(2019年)も含め、大いなる後押しをしていただいている。

こうして我々はブドウ畑が開園でき、地権者の有休荒廃地はいっきに解消できた。双方の意向が合致して、共有できる新たな価値が生まれたのだ。

これは、まさにCSV*の実践といえるだろう。企業と地域の共有価値の創造であるCSVは、今や多くの企業が導入している。企業が利益を出しながら社会に貢献していくことは、企業のブランドイメージに繋がる。社会貢献性があり、なおかつ事業の成長に寄与する活動は、何よりユーザーに認められる。

椀子ヴィンヤード開園から10年後の2013年、地権者で組織する「陣場台地研究委員会」は「第5回耕作放棄地発生防止・解消活動表彰事業」(全国農業会議所など主催)において、全国農業会議所会長特別賞を受賞した。荒廃地解消に向けた積極的な活動が、高く評価されたのだ。

* CSV Creating Shared Value。マイケル・ポーター教授がハーバード・ビジネス・レビューで提唱した考え方で、企業が地域社会の課題解決に主体的に取り組んで、地域社会に対して価値を創造し、その活動により経済的な価値がともに創造されることを意味する。

畑の場所を決めるための調査

地質と土壌、気象状況

ここからは、ブドウ畑の候補地でどのような調査を行ったか、具体的に紹介していこう。

地質と土壌、そして気象状況については、まずは公的なデータを活用した。

当時は地質や土壌の情報収集には苦労したが、現在ではネットから簡単に検索できるようになっている。地質については産業技術総合研究所地質調査センターの「地質図Ｎａｖｉ」、土壌については国立研究開発法人農業・食品産業技術総合研究機構の「日本土壌インベントリー」などがある。両サイトとも、数年前から内容が非常に充実して検索しやすくなっており、理解度が深まる。

気象については、気象庁のサイトを利用した。直近30年間の平均値が平年値として示されていて（本書執筆の２０２２年は１９９１年から２０２０年までの平均値）、地域の気象の特徴を知るうえで、大変役立つ。

各地に置かれているアメダスの拠点間の数値は、候補地の市町村の、もっと細かい気象の状況まで示されており、たとえば大きな川の右岸と左岸では雨の量が極端に違うことや、それに伴う日照量など、居ながらにして把握することができる。

収集したこれらのデータを抱え、私は丸子地区の候補地に何度も通った。通いながら気象の観察を続けていると、千曲川の右岸では夕立が降っているのに、左岸にある候補地は降っていないなど、データで得た情報が確認できた。

常にその土地を吹く風にも気を配った。

同じ地域でも、場所によって気象が異なるのは、土地の地形が大きく影響しているのだろう。雨雲はいつも同じように、候補地の対岸（右岸）に連なる山伝いに動いていった。

統計を見て得られた少雨の傾向は、現地でも実感された。そして訪れるたびに感じる風が、風景と相まって爽やかだった。

土地の古老にも話を聞き、水の不足する地域の範囲など、長年の経験から得られた知見を学んだ。

それらを総合して、丸子地区にブドウ畑を開墾する期待がどんどん膨らんでいった。

気象状況は多分大丈夫だ。今までの不安が払拭され、徐々に確信へと変わっていった。

さて、土壌はどうだろう。丸子地区の候補地は、ところどころに雑木林が存在するような有休荒廃地だが、一昔前まで、ここは養蚕のための桑畑だった。重粘土の農地に桑畑が広がっていたが、その後放置され、数十年経過するうちに、多少有機質が降り積もった土壌になっていた。

いくつかの区画は、植物遷移のセオリー通り、ススキ野原の中に松が見え隠れしていた。このススキ野原や雑木林の中をかき分けながら歩き、土壌の様子を観察し、サンプルを採取して回った。下草にはノイバラなどが混じっており、調査が終わるころには足のすねに何筋も血が滲んでいた。

持ち帰ったサンプルを調べると、表土は薄く、土壌の物理性を表す粒径組成は粘土の割合が比較的高かった。雨が降った後の土壌は非常に泥濘、乾くと硬い塊となり、耕作するには苦労が伴う。

調査を進めていた頃、本社のある人間に新しい畑の土壌を問われて、「土壌は強粘土です」と答えた。すると彼は、非常に残念そうな表情を見せた。

かつて日本にはボルドー神話なるものが存在していて、醸造用ブドウを栽培する土壌は、砂礫質でなければならないと思っている人たちが多かった。そしてもう一つ、白亜のアルカリ性土壌でなければならないと信じている人も多かった。いまだにこう考える人たちは多いかもしれない。

栽培に適した土壌の要素とは何か

ここで、ボルドー大学で学んだ時の講義録から、土壌について紹介しておこう。

土壌の前に、まずボルドーの気候について触れておくと、年の平均気温は18℃~19℃、50％程度のヴェレゾーン期から収穫までの日数が約45日（8月15日頃が50％ヴェレゾーンなので、収穫は9月30

日になる)。日照時間は約1400時間(4~9月)。開花期から収穫期までの降雨量は約240㎜。このような気象状況下で、ブドウの収穫量は5~7トン/ヘクタールとなる。

さて、ボルドーには、3つの異なる特徴的な土壌が存在する。

まず砂礫質の土壌、これは深さが約2~3m程度。粘土質土壌は深さが最深1m程度。そして日本にはあまりなじみのない石灰岩の上に形成される畑は深さが50㎝程度。それぞれ特徴的なこの3つの土壌が、ボルドーの平均的なテクスチャーだ。

そして、1つの品種が1つの土壌に植栽されて、その土地の特徴を表す。一般的にボルドーでは3つの品種(カベルネ・ソーヴィニヨン、メルロ、カベルネ・フラン)がブレンドされているが、それぞれの品種は、それぞれ異なる土壌で栽培されることが多い。つまり3品種は、3タイプの土壌の特徴を有することになる。

ボルドーの多くのシャトーでは、広大な畑の中に10程度の異なる土壌構成を見ることができる。つまり、それぞれの区画ごとに醸されたワインは、10程度の特徴の異なるワインとなる。

この特徴の違いがブレンドされることによって、ワインの複雑さが増す。それがボルドーワインの高い評価につながるのだ。

一般的に、砂礫質の土壌にはカベルネ・ソーヴィニヨンが良好で、粘土や石灰質土壌はカベルネ・フランやメルロとの相性が良いと言われている。

本当に痩せて養分の極めて乏しい土壌はpH４～５程度、養分の吸着保持能力のある粘土粒子表面に10～20％のカルシウム（Ca）、マグネシウム（Mg）を含む。pHが５以下になると銅、アルミニウムの害が見られるようになる。

やや痩せた土壌は70～80％のカルシウム、マグネシウムを含み、pHは６～７程度。そして炭酸カルシウムの多い土壌はpH７・５～８・５で、90～95％のカルシウムを含む。pHが８・５以上になると、微量要素の欠乏が現れるようになる。

理想的な土壌は腐食に富み、養分の吸着保持能力が十分高く、カルシウムは60～70％、マグネシウムは10％程度、カリウム（K）は２・５％程度。このカリウムの値がマグネシウムより大きくなると、土壌は単粒構造となってしまう。

ヨーロッパの土壌は一般的にカルシウムとマグネシウムが多いため、凝固しやすく団粒構造をつくる。一方、日本の土壌はカリウムとナトリウム（Na）が多く、単粒構造になりやすい傾向にある。ブドウ栽培においては、土壌の物理性から見て、砂礫質が60％程度、壌土が約20％、粘土分が約20％程度の割合で構成された土壌が、バランスの良い土壌とされる。ただ、これはあくまで一般的な話であって、決してこの限りではないのはもちろんだ。

粘土の含量や質が土壌の性質を大きく左右するのだが、この質による違いを少し紹介したい。世界で最良の土壌は、ウクライナのチョルノービリ（旧チェルノブイリ）付近、北米大陸を横断するように分布するコーンベルト、アルゼンチンの湿潤草原（パンパ）等にある。

これらの土壌は、モリソル、チェルノーゼムなどと呼ばれ、黒色で、見た目は日本でよく目にする火山灰黒ボク土壌とよく似ている。

しかし、火山灰黒ボク土壌は決して肥沃な土壌ではない。これは粘土鉱物の種類が異なるからで、粘土鉱物の主成分であるケイ酸と酸化アルミニウムの構造の違いが、土壌の質を左右しているのだ。チェルノーゼムは第一部でポムロールの粘土鉱物として紹介したモンモリロナイトであるのに対し（63ページ参照）、火山灰黒ボク土壌は水を吸収しても膨張しない、陶器製造に用いられるカオリンという粘土鉱物に似たアロフェンだ。

この2つの粘土鉱物の大きな違いは、モンモリロナイトの養分吸着能力（ＣＥＣ）がアロフェンの10倍近くもあり、保肥力が大きいことだ。ＣＥＣとは土壌が持っているマイナス荷電の量のことで、Ｃａ２＋、Ｍｇ２＋、Ｋ＋、ＮＨ４＋といった作物の養分となる+イオンを電気的に保持することができる。ＣＥＣの大きな土壌ほど、養分などをたくさん持つことができるのだ。

一つ付け加えておくことがある。我々は感覚的に、砂地の土壌は水はけがよく、砂礫質と同じように思いがちだが、ブドウの生育を観察していると、砂地の土壌での新梢の伸び方は非常に旺盛となる。ボルドーで計測したときには、砂礫や粘土質土壌の約2倍の新梢長となった。さらに果粒の大きさも、3種類の土壌の中で一番の重量を記録した。

砂地の土壌をよく観察すると、ブドウの根圏の発達が著しい。砂地の地下部は適度な保水性と気層に恵まれ、良好な環境になっているのだろう。ブドウにしてみると、あまりストレスのない環境のようだ。イメージと実際は大きくかけ離れている。

日本でもできる、とボルドーで確信した

第一部第3話で、ブドウ畑の粘土土壌の機能性について書いた。私はボルドーに赴任するとき、それまで活字の情報しか得られなかった醸造専用品種の栽培について、抱えていたさまざまな疑問が本当のところどうなのか、検証することも楽しみにしていた。私の背中を押して下さった多くの先輩たちも、その検証結果を待ち望んでいたのではないだろうか。

醸造専用品種の栽培について、活字の知識に頼っていた私は、この日本の土壌、気象の制約を、半ば悲観的に感じていた。

しかし、ボルドーのブドウ栽培の現場に立ち、粘土質土壌でなければ表現できない品質があることと、そして、それが評価されていることを知った。

気象においても、ヴィニュロンたちは病害を防ぎ、収穫前に霧や雨が多い天候の中、理想とする収穫の時期まで果実を健全な状態に維持しようと懸命な努力を重ねていた。

彼らの姿を見るにつけ、日本の状況と何も変わらないと気づくようになった。すると日本で抱い

ていた悲観的な気持ちがことごとく消えていき、かえって希望が湧いてきた。

「南向き斜面」は栽培の絶対条件ではない

フランスから帰国した私は、新たなブドウ畑の候補地で何をなすべきかを積極的に考えていけば、プロジェクトは必ず成功すると確信していた。

かつての文献では、理想のブドウ畑は「南向き斜面」が良いとあたりまえのように言われていた。それが正しいかどうかの前に、まず醸造専用品種の北限を考えてみよう。

ボルドーにおいては、カベルネ・ソーヴィニヨンやメルロが最適な赤品種として広く知られている。ブルゴーニュであればピノ・ノワールであり、シャルドネ、ドイツならリースリングと、ブドウの品種と名醸地があたかも不変の組み合わせのように語られている。

では、これらは本当に最適な、約束された組み合わせなのだろうか。

それぞれの組み合わせを見ると、その銘醸地で最適とされる品種は、その地域より北の冷涼な地域で栽培されると、果実が確実に熟すまでの好条件の気候に恵まれないのがわかる。

たとえばリースリングは、モーゼルが栽培の北限だろう。もっと暖かい地方で栽培すれば、ブドウにとっても農家にとっても、栽培はたやすいかもしれない。しかし、温暖な気候の下で収穫したブドウから、この品種の研ぎ澄まされたような良さを見つけることはできないだろう。

カベルネ・ソーヴィニヨンやメルロは、ボルドー以北の産地におけるワインの表現は、時として青臭く、未熟な官能評価となってしまう。つまりブドウがよく熟さないのだ。

このような視点から、現在の名醸地と品種の組み合わせを見ると、各品種の栽培の北限と考えられる地域で、評価されるワインが生み出されているのがわかる。

では、栽培の北限とは何か?

栽培されているブドウにとって、熟すために十分な気象条件を満たす年を平年とする。ある年は恵まれた気象状況にあり、その地域一帯のブドウがすべて適熟を迎えると、このような年は「良い年」と言われる。逆に厳しい気象の年は、ブドウが十分熟さず、いわゆる「難しかった年」と言われる。このように一つの評価軸を超えたり至らなかったりする地域が、その品種にとっての北限と考えられる。

各名醸地と品種の組み合わせを見てみると、いずれの地域にも「良い年」「難しかった年」が存在する。このような地域だから、ミレジムという概念が生まれるのだろうと考える。

名醸地は、ブドウが十分な生育期間を持って栽培される地域に存在する。

以前、勝沼の城の平試験農場の南向き斜面でシャルドネを栽培したことがある。栽培だけを考えると、確かに南向き斜面での生育は早く進み、収穫時期も早かった。病害に侵されるリスクも当然少なく、すべてが良好に思えた。しかし、その果実から出来上がったワインの評価は芳しくなかった。

昔から、開花期から収穫期まで１００日、または１１０日とよく言われる。１００日はブルゴーニュ、１１０日はボルドーでの基準値である。ヴェレゾーン期からだと、収穫までが約45日となる。この日数にくらべ、試験農場でのシャルドネは早い生育ステージをたどった。栽培にとって良好な結果がワインまで結びつかなかった理由は、これと関係しているのだろうと思いあたった。

ブドウは各ステージを過ごす間、様々な物質を作り出し、果実に蓄える。実はこの蓄える時間が必要だったのではないだろうか。

あまりにも早く成長の各ステージを駆け抜けると、様々な物質を作り出す時間も、それを果実に蓄える時間も十分に取れないまま、収穫時期を迎えてしまうのではないだろうか。

こう考えると、各地域において、４月から10月までのブドウの生育期間に、生育に必要な10℃以上の平均気温を足していったときの積算温度が常に十二分に上回るような場合は、あえて南向き斜面にこだわる必要はなく、逆に、十分暖かい地方においては、南向き斜面を栽培の場に選択することは、良い選択ではないと考えられる。

南面傾斜は良いブドウ畑の必要条件のように考えられているが、必ずしもその限りではないのだ。

丸子地区の候補地は決して南向きの傾斜ではないが、栽培すべき品種と統計から拾ったブドウの生育期間中の積算温度を勘案すると、まさに「北限」の条件にあてはまった。

このような地質と土壌、そして気象状況の調査を進める一方、メルシャンはこれから丸子地区でブドウ農業を始めるにあたり、農業生産法人 有限会社ラ・ヴィーニュを設立することにした。当時の農地法は株式会社の農業参入の制約がまだまだ厳しく、代表者の通作距離（農地と自宅の距離）、出資の割合等々、現在の制度とはかなり異なっていたからだ。おかげで一つの会社を作ることの大変さを勉強した。

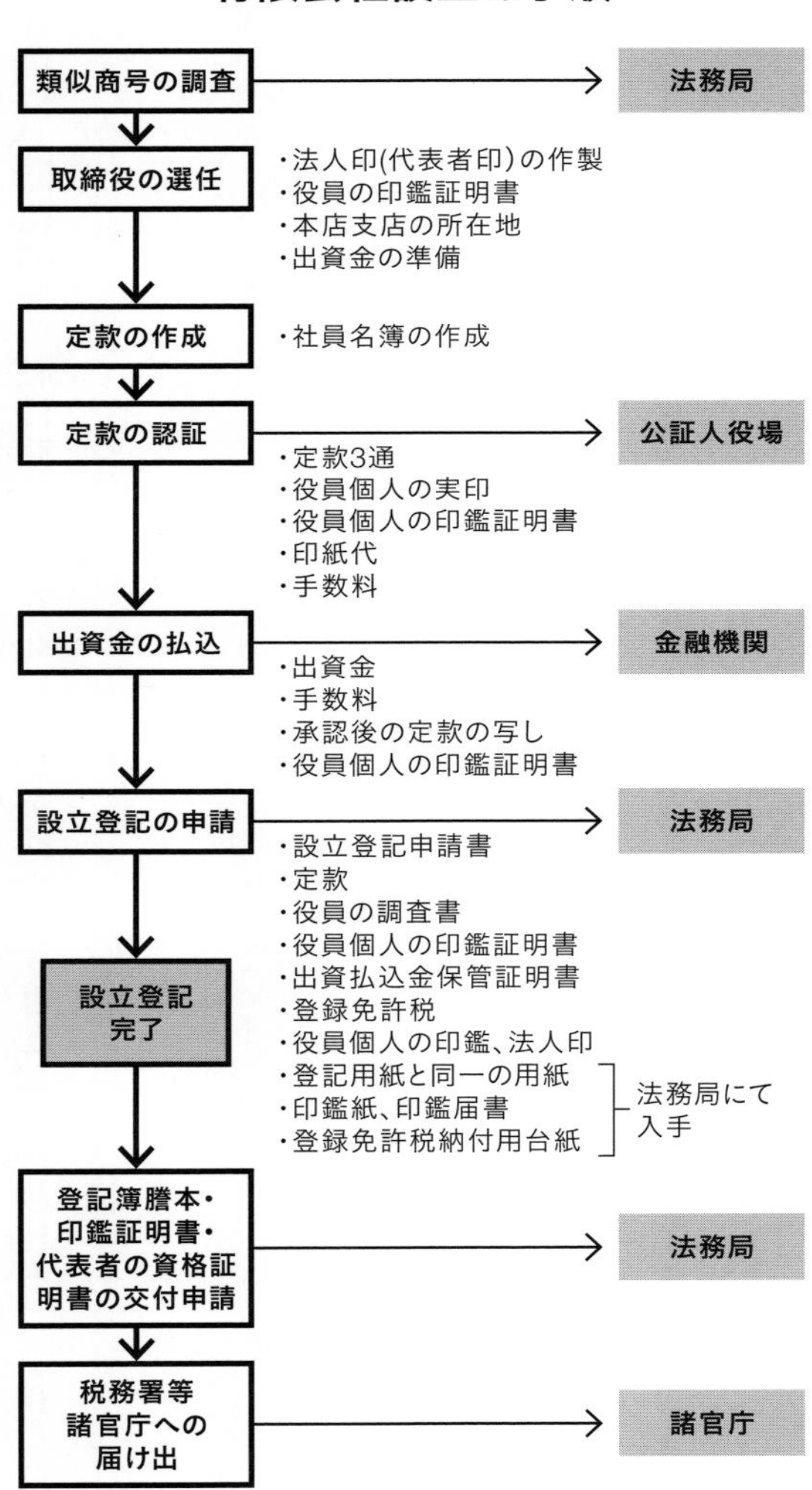

しかし振り返れば、ワインづくりやブドウ栽培分野だけの狭かった自分の視野を広げられたことは、後の経営に際し大きな財産ともなった。当時法人設立した資料があるので、その流れを右に示しておく。ただ当時の資料なので「有限会社」設立となっている点は了解いただきたい。

現在では会社設立について様々な本や資料は簡単に手に入るようになったが、これから設立を目指す方々に少しでも役に立つのなら幸いだと思う。

有限会社設立後の届出等

役員報酬の額

・税金や社会保険料を考慮する。
・定年後の役員一人の小さな会社でも社会保険の強制適用事業所となる。

税金に関する届出

・法人設立届出書
・給与支払事務所等の開設届出書
・源泉所得税の納期の特例の承認に関する申請書兼納期の特例適用者に係る納期限の特例に関する届出書
・法人青色申告の承認申請書*
・たな卸資産の評価方法の届出書*
・減価償却資産の償却方法の届出書
・法人設立時の事業概況書
・有価証券の評価方法の届出書*
・消費税課税事業者選択届出書*
・消費税簡易課税選択届出書*

→ **税務署**

*検討書類

法人設立届出書 ―― **県税務事務所**

法人設立届出書 ―― **町役場**

社会保険、労働保険に関する届出

・健康保険・厚生年金保険新規適用届
・健康保険・厚生年金保険被保険者資格取得届
・健康保険・被扶養者届
・健康保険・厚生年金保険被保険者報酬月額算定基礎届
・健康保険・厚生年金保険賞与等支払届

→ **社会保険事務所**

労働者を一人以上使用する事業所は労働保険の強制適用事業所。
役員は労働者に含まれず、役員だけの会社には適用されない。
従業員を雇ったら次の届出が必要。

労働保険・保険関係成立届 ―― **労働基準監督所**

労働保険・概算確定保険料申告書 ―― **県　雇用保険課**

雇用保険・適用事業所設置届
雇用保険・被保険者資格取得届 ―― **公共職業安定所**

椀子ヴィンヤードの設計

最初に畝の方向を決める

いよいよ丸子地区の農地を造成する段階になり、ブドウ畑の設計を考えるようになった。まずは畝の方向を決めなければいけない。太陽の光を最も効率よく利用するためは、畝を南北に設定するのが良い。しかしこれも、実際にはその限りではない。

歴史のある海外の産地へ出かけると、ブドウ畑がパッチワークのように見える景観に出会うことがある。それは、区画によって、畝が向く方向が異なっているからだ。

畝の方向は、長年の経験から作業性を第一に考え、耕作のしやすさや風向きなどを十分考慮して決定されている。

作業性もさることながら、風向きに応じた選択は非常に重要だ。

ブドウを栽培する上で一番厄介なのは、病害との戦いだろう。病害は降雨と湿度が後押しをする。

畝と畝の間を風が吹き抜けるような畑は、病害の発生が比較的少ない。ところが風の方向と直角方向に畝を展開すると、風通しが悪く、結果として病害の発生が多くなる。

太陽光の利用効率を優先するのか、あるいは病害の発生を低く抑えることを優先するかで、畑に切る畝の方向も変わってくる。

さらに垣根式でブドウを栽培している場合は除葉を行うことになるが、近年の温暖化を考えると、ブドウ果の日焼けを防ぐために、南北の畝なら東側の葉を、東西の畝なら北側の葉を除葉する。日本の日中の最高気温は、一般に14時頃に最高点に達する。生育期間中、ブドウ果粒の日焼けが発生する場合があるが、これは気温の高いことに加え、太陽の日射が影響する。これを防ぐ一つの方法として、畝の方向を南北からややずらし、北北東から南南西方向に向けて設置する。こうすることで、一番気温が高い時間の太陽光の直射を、垣根の葉群の真上で受け止め、果房に当たる一番強い太陽の直射を防ぐことができる。

昔からの水の通り道を生かす

もう一つ、畝の方向など考えるうえで、長い間に形成されたであろう地下を通る水の道を考えた。

ススキ野原や雑木林となっていた有休荒廃地の造成が始まった

自然な水の流れを排水路として暗渠を設置し、元の地形を残した

畝の方向を決め、トラクターで植栽の準備を進める

かつて桑畑だった有休荒廃地が椀子ヴィンヤードとして甦った

雨が降ると、水分は地下に浸透し、重力により低い方へ、低い方へと移動する。水の通り道は、長い年月のうちに、あたかも地下に川が存在するかのように決まった経路をたどり、やがて水の道ができ上がる。

通常の畑の造成工事では、斜面を一様にならし、区画ごとに段差をつけて、耕作面を平らにした段々畑を造るのが一般的だ。しかし、スタートしたばかりの弱小農業生産法人の資金には限りがあり、その後の運営を考えると、初期投資の金額はできるだけ低く抑えたかった。

そこで考えたのが、先ほどの水の流れだ。

造成して平らな畑ができたとしても、長年にわたって形成された水の道は変わらない。そうであれば、元の地形の自然なアンジュレーション（起伏）を極力残し、この地になじんだ自然な水の流れをそのまま排水路として機能させれば、排水のコストはかからない。昔からの自然なアンジュレーションを保ったブドウ畑にすればいいのだ。

畝の方向は、年間を通した風向きを観察し、斜面に沿ってブドウ畑の各区画から雨水が流れ出やすい方向を探って決めることにした。

低コストの垣根資材を開発

垣根の資材については、イニシャルコストを削減する方向を探った。頑丈な資材を探していて、亜鉛・アルミニウム・マグネシウム合金を表面にメッキした高耐食性の鋼材があることを知った。日鉄日新製鋼（２０２０年に日本製鉄が合併）の製品で、商品名はＺＡＭ®。ほとんど錆びないと言われるほど、耐食性に優れているという。

一般に使用される金属製垣根資材は、成形した後、メッキ工程や表面仕上げの工程が必要となるが、ＺＡＭ®鋼材は、成形後のメッキ工程が省略できるため販売価格が安価で、イニシャルコストが低減できる。まずはこの鋼材を使用することにした。

次に資材の形状についても考えた。一般的な垣根資材の隅柱（畝の両端の支柱）は、円柱の鋼材と、地中に設置する鋼材の底板が溶接されている。

我々がこれから開園するブドウ畑の面積は、10ヘクタール以上を考えている。この広大な面積に、２ｍ50㎝間隔で、隅柱の底板が入る穴を掘っていかなければならないのだろうか。考えただけでも気が遠くなった。

何とかもっと簡単に、しかも十分な強度を持った隅柱の設置ができないものだろうか。

問題は底板だ。昔から、支柱には決まって、円柱の底に四角い底板が溶接されている。この部分を見直してみることにした。溶接の工程を省くことができれば、コストが低減できる可能性がある。

まず、底板の必要性について考えてみた。

一般に底板は地中に置く。底板には柱の沈み込みを防ぐ役割がある。だが、それだけが目的なら、必ずしも地中に埋める必要はない。地表に置いても同じ効果がある。

もう一つ考えられる役割は、支線（ブドウ樹を誘引するためのワイヤー）を張ったときの、引っ張りに耐える機能だが、この力に対し、底板は特別な作用を発揮してはいない。

そう考えると、底板を置く場所は、地中でも地表でも、どちらでも良いことになる。

そこで、底板はあえて溶接せず、真ん中に隅柱が通る穴を開けた円形の鉄板を地表に置き、沈み込みの力に抗するために、円形の鉄板の上で鉄棒を横から差し込み、クリップで止める形状にした。

これによって、溶接にかかる費用が削減でき、資材運搬時の容量低減にもつながった。

そして何より、隅柱を設置するために、畑に大きな穴をいくつも掘る必要がなくなった。円柱は重機で打ち込んでいけば良いのだ。

一度掘り起こした土壌が元通りになるには時間がかかり、その間、土壌は軟弱のままだ。ところが円柱を打ち込んだだけの土壌はそれまでの強度を保っているため、沈み込みにも強く、また引っ張りの力にも抵抗できる強度を保ったままの状態を維持できるというメリットも大きい。

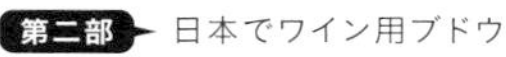

コスト削減のために考案した円形の鉄板を使った隅柱

円形の鉄板の上で鉄棒を横から差し込み、クリップで止める

このように、イニシャルコストを極力低減させるために知恵を絞った結果、一般的な資材を前提に試算していた当初金額を、大幅に削減することができた。

ブドウ畑を将来的にどの程度広げるのかわからなかったが、新たな形状の資材であることから、加工を担当した資材製作所と共に２００３年３月18日、特許を出願した。

それからすでに十数年が経過しているが、開発当時、日本全国にここまで垣根栽培が拡がるとは思ってもみなかった。そして、各地に拡がっているブドウ畑を見ると、ほとんどの畑の垣根資材に、このとき開発したものが使われている。

私はただただ、イニシャルコストの低減を目指したのだったが、この資材を利用したブドウ畑を見るたびに、「知恵を絞った甲斐があった」と懐かしく当時を思い出す。

葉面積により決まる畝の高さ

垣根資材の設計時、畝の高さも考えてみた。

一般的にブドウの垣根は、地面から高さ約０・８m前後の位置に果房が着くように、つまりフルーツゾーンがこの高さになるように、結果母枝の高さを約０・７m前後に配置する。そうすれば果房が一列に並び、管理作業や収穫作業がスムーズに行える。

そして毎年同じ高さ、また範囲で枝を切り戻し、一番下のワイヤーの高さを越えない位置で、同じ作業を何十年も繰り返すことになる。

ギュイヨの場合、このとき注意しなければいけないことがある。結果母枝を出す位置が、決して結果枝を誘引する針金の高さを超えないことだ。この高さを超えてしまうようなことがあると、結果母枝を下方に曲げて誘引しなくてはならなくなる。

さて、問題は畝の高さをどのくらいに設定するかだ。

フランスなどでは、一般的に1kgのブドウが確実に熟すためには、1㎡の葉面積が必要だと言われている。

これを基に考えられている畝の高さの計算式は、垣根の葉群の高さを新梢の長さとして、「葉群の高さ（新梢の長さ）÷畝幅」の値が0・6〜0・8の範囲が適正と言われている。

畝幅は、2・5mが一般的だろう。計算式に従えば、この場合は葉群の高さ（新梢の長さ）は1・5m以上となる。フルーツゾーンの高さは地面から60〜70cmだから、垣根の高さは約2m程度となる。

では、日本の気象条件下では、果実の適正な成熟のために一体どのくらいの葉面積が必要なのだろうか。実は私にもよくわからない。

右記の基準は、外国での検証結果をそのまま日本で応用しているだけなのだ。このような疑問に対し、今後の試験研究による解明に期待したい。

椀子ヴィンヤードの品種を決める

次世代を担う黒ブドウ品種、シラー

畑の設計と同時に、椀子ヴィンヤードで栽培する品種の選定を進めた。

まず初めに選んだ品種は、メルロとシャルドネだ。最初に造成した圃場（11ヘクタール）では、この2品種が畑のほとんどを占めた。

それ以前から、メルシャンはメルロを中信の桔梗ヶ原地区、シャルドネを北信の須坂・高山地区（千曲川右岸）、豊野地区（千曲川左岸）の契約農家と協働して栽培しており、両品種とも長野県の気象条件の下、地域特性を十分発揮したワインとして、国内外で高く評価されていた。

この経験は東信の丸子地区においても十分通用すると思われたため、まずはこの2品種に大方の面積を与えた。

さらに、この地を選び、この先ずっと事業を発展させていくためには、次世代を担う次なる品種の選択も重要な任務だ。

私は、椀子ヴィンヤード開園当時、まだ日本で一般的な認知の進んでいなかった2品種、シラー（黒ブドウ）とソーヴィニヨン・ブラン（白ブドウ）を選んだ。

シラーは以前より、勝沼の城の平試験農場にあった見本園で栽培されており、クローンはカリフォルニア・デイヴィスの母樹園から導入したものだった。

見本園で栽培されていた各品種は、時期になると収穫され、少量の試験仕込みが行われていた。このシラーは試験仕込みのたびに独特なスパイシーさを醸し出し、色調も申し分ないものだった。

このとき感じたスパイシーさは、胡椒の香りだった。後にこの香り物質は、ロタンドンと解明されるのだが、当時栽培されていた標高や当時の平均気温を考えると、同じ胡椒でも白胡椒の香りだった。椀子ではミレジムによって白胡椒の香りが特徴的だが、山梨のように気温の高い地域で栽培すると黒胡椒の香りだったりする。

白胡椒のニュアンスのあるスタイルは、ローヌ北部のシラーに多い。いわゆるクールクライメイト・シラーの特徴であり、新大陸のオーストラリアなどの、圧倒的に押しの強いスタイルとは一線を画している。

日本で栽培されるシラーは、決してオーストラリアのシラーズのようなパワフルなスタイルにはなりえない。同じシラーでも、北ローヌのエレガントなスタイルに似ているのだ。この記憶を頼りに、このシラーに次なる品種としての役割を担わせることにした。

次世代を担う白ブドウ品種、ソーヴィニヨン・ブラン

そしてもう一つの品種であるソーヴィニヨン・ブラン。日本では圧倒的なシャルドネ人気の陰に隠れ、なかなか市民権を得られなかった品種だが、アロマティック品種の将来性を期待して導入を決めた。ソーヴィニヨン・ブランはボルドー大学で盛んに研究されていて、この品種を用いたボルドーの白ワインの革新は、全世界に影響を及ぼしている。

ソーヴィニヨン・ブランには2つの特徴的な香りが存在する。1つはグレープフルーツのような柑橘の香り、もう1つは柘植(つげ)の葉やカシスの芽の香りと表現される、やや青臭く、猫のおしっこと表現される独特な香りである。

この2つの香りは、果実のままでは香らない形でブドウの中に形成され、やがてワインになるとき、醗酵で活躍する酵母の酵素により、香る形となってワインに特徴を与える。

こうした性質を持ち、ブドウ果の状態では香りを発散させない物質を、「香りの前駆物質」とい

う。

これら前駆物質の消長は、それぞれの前駆物質ごとに栽培される土壌によって、独特な特徴が存在する。

砂礫質土壌、および粘土質土壌で栽培されるソーヴィニヨン・ブランを例に紹介しよう。

まず収穫時期を見ると、砂礫質土壌で栽培されるソーヴィニヨン・ブランは早熟傾向を見せるため、バランスの良い程度の総酸値を見ながら収穫すると、粘土質土壌での収穫よりも約2週間程度早い収穫となる。

このとき、ブドウに内在する前駆物質は、柑橘香よりも猫尿的な香りの基となる物質が優勢になる。往々にして、砂礫土壌で栽培されるソーヴィニヨン・ブランのワインに、猫尿的な特徴香が現れやすいのはそのためだ。

一方、粘土質土壌では、砂礫質にくらべてやや遅い収穫となる。この時点での前駆物質の割合は、柑橘様の香りを発現する物質の量が多くなっている。このため、粘土質土壌で栽培されるソーヴィニヨン・ブランのワインは、柑橘様の香りが一般的となる。

さて、日本の土壌でソーヴィニヨン・ブランを栽培した場合はどうだろうか。

日本では、粘土質の土壌の割合が圧倒的に多い傾向にあり、いくつかのソーヴィニヨン・ブランのワインには、前述のとおり確かに柑橘様の香りのするワインが多い。この傾向は世界共通の現象であるように思う。

そして日本人の感性に照らし合わせてみると、柑橘系の香りを支持する割合が圧倒的に多く、土地の風土と、そこに暮らす人間の感性、そしてブドウを通し発現する香りが、非常に相性の良い組み合わせになっているように思う。

椀子ヴィンヤードにはこの2品種にとどまらず、様々な品種を試験導入し、次の世代を担えるようなさらなる品種を選抜するために、試験区を設けた。さらにクローンにこだわり、各品種数系統のクローンも導入した。

組み合わせで複雑さを生む品種構成

品種を選ぶにあたって熱烈に思い描いたブドウ畑の将来像は、いくつかの要素が寄り合って描き出す美味しさの完成度だった。

単一品種によるバラエタルワインが全盛の時代だが、「椀子」の最高峰のワインは、ボルドーワインに代表される品種の組み合わせによる複雑さや相乗効果、それにより高まるワインの完成度を目指したかった。

日本人の感性の中には、生一本を愛でる美味しさの美意識もある。品種の特徴のわかりやすさもさることながら、この美意識がバラエタルに向かう原動力でもあるのだろう。

だが、私は前者を選んだ。このために選んだ品種が、カベルネ・ソーヴィニヨン、カベルネ・フラン、そして前述のメルロだ。

ボルドーと聞いて真っ先に浮かぶイメージは、おそらくメドック地方だろう。圧倒的なカベルネ・ソーヴィニヨンの存在だ。

日本の中で、カベルネ・ソーヴィニヨンがしっかり熟す気候と土壌は限られている。ましてや冷涼な地域での可能性は、低いかもしれない。

だが私は、サンテミリオン&ポムロールをイメージしていた。その根底にあったのは、ボルドー駐在中、とくに親交の深かったポムロールのヴュー・シャトー・セルタンでの経験だ。

このシャトーの土壌の様子、畑に適応した台木、植栽されている品種群、そして何よりここで醸されるエレガントなワインの品質に、私は強く心をひきつけられていた。

このシャトーのワインは、各ミレジムのどんな困難も乗りこえ、常に我々が目指す「フィネス&エレガンス」に通じる方向性を目指し、保ち続ける真摯な姿勢を確実に示し続けてくれている。

この姿は日本におけるブドウ栽培、ワインづくりにおいて、大いに参考になる。いや参考にしなければ、と強く思った。

日本における醸造用ブドウの栽培と収穫

シャトー・シュヴァルブランで受けた衝撃

椀子ヴィンヤードの規模は、当初は他の地域にもう一つ畑を拓く計画があったことから、10数ヘクタールの予定だった。現在の半分ほどの面積だ。このためメルロとシャルドネが主な面積を占め、頂点を目指すための品種は少量ずつ小さな区画に植栽した。

通常、カベルネ・ソーヴィニヨンは丘の上に、丘の下にはメルロを植える構図が一般的だ。丘の上は砂礫質土壌であり、丘の下は長い間の降雨のため、細かい土壌粒子である粘土などを多く含む構成となっているからだ。

ボルドーでも昔から、そうするのがあたりまえの選択となっていたが、その常識がくつがえる出来事があった。

ボルドー駐在中に、ボルドー大学で土壌学を学んでいたときのことだ。課外実習があり、サンテミリオンにあるシャトー・シュヴァルブランに出かけた。我々受講生は授業で、砂礫質におけるカベルネ・ソーヴィニヨンの利点や、粘土質土壌におけるメルロの相性などを、十分学んできていた。

ところが案内をしてくれた技術者は、このシャトーはそのセオリー通りの植栽をしていないと説明した。

それを聞いた我々はざわつき、「ならば植え替えるべきでは?」「なぜ植え替えないのか?」などと質問が飛び交った。

受講生からの質問を一通り聞いて、案内人はこう説明した。

「セオリーは十分理解している。皆さんの言うことはごもっともだ。確かにセオリーとは逆の土壌で、それぞれの品種を栽培している。だからシャトー・シュヴァルブランなのだ」

これを聞いて、皆言葉を失った。

以前からこのシャトーは、カベルネ・フランの割合が多いから独特な風味を持つワインを生み出しているのだと固く信じていた私にとって、目から鱗の落ちる衝撃的な一言だった。

ワインはその土地の個性が最も尊ばれるものであって、絶対的な制約があるものではない。彼の一言は、砂礫土壌とは異なる構造を持つ、多くの日本のブドウ畑における日本らしさ、また、日本ならではの表現がいかに尊いかを教えてくれた。

日本でブドウを栽培し、ワインをつくることに俄然勇気が湧いてきた。

私はこの言葉を決して忘れないでいようと思った。


ポムロール&サンテミリオン地域では、1956年の出来事がいまだに語り継がれている。この年の冬、気温がマイナス21℃まで下がり、ほとんどのブドウ樹が枯死してしまったのだ。

その後の改植時、台木の選抜が行われ、リパリア・グロワール、3309、101-14が主に植栽された。この傾向は1963年まで続いた。

1970年になるとSO4(リパリア×ベルランディエリ)が急速に広まったが、後に、これは苗木と台木の活着率が良かったことと、植栽後の生育が良かっただけのことと評価され、その後の10年間、良質なワインは生産されなかったと言われている。

その後、リパリアが見直されて、現在ではリパリアの比率が一番高い状況だ。植栽の割合としてはリパリア・グロワール>101-14>3309=420Aの順である。


椀子ヴィンヤードの最高峰が、サンテミリオン&ポムロールの品種構成を参考にしたことは先述したが、植栽するブドウ苗の台木についても同じだった。これは先述のポムロールのヴュー・シャトー・セルタンの土壌構成が、日本の土壌構成に似ていると思ったからだ。このシャトーは何度となく訪問し、栽培や醸造について、そして思想についても多くの事を学んだ。

砂礫質は暖かい土壌、粘土質は冷たい土壌

一般的に晩熟な品種であるカベルネ・ソーヴィニヨンの植栽は、砂礫質の畑を用いる。砂礫質は「暖かい土壌」とも呼ばれ、ブドウの成熟に必要な積算温度を確保するために都合の良い特徴を持っている。砂礫の土壌は日中の太陽光に温められ、蓄えた熱を夜の間も保ち続けることができる。乾いた土壌は、太陽のエネルギーを奪われないのだ。

これにより、北限の地において少しでも適熟にたどり着きたいブドウにとって、積算温度を確保しやすい土壌となる。

一方、粘土質土壌は一般的に「冷たい土壌」と呼ばれている。素足で歩く田んぼの畦道を思い浮かべてみると良くわかる。粘土質土壌には水分が含まれていて、いつもひんやり感じる。

メルロという品種はカベルネ・ソーヴィニヨンにくらべ、熟期は早い。つまり適熟期までの積算温度がカベルネ・ソーヴィニヨンほど必要ない分、あらゆる土壌に適合する品種なのだ。

そして、もしかすると、着色や高品質生産のための水分に対するストレスが、カベルネ・ソーヴィニヨンほど必要ない品種なのかもしれない。

このことが、メルロが粘土質土壌に良く適応する理由になっているのではないだろうか。

そしてメルロという品種は、粘土質のみならず、砂礫質の土壌においても評価される品種となって

いる。

草生栽培のメリット

ボルドーで除葉が一般的な農事暦に組み込まれるようになると同時に、ブドウ畑の景観が変わり始めたことがある。草生栽培の普及だ。

日本の果樹園芸一般では、草生栽培の目的は土壌流亡防止が真っ先にイメージされるが、秋の収穫期に天候が崩れがちなボルドーでは、雨水で増えた水分によるブドウの裂果被害や、それによる各種病害の発生に悩まされており、この防止策として草生栽培が脚光を浴び始めた。降った雨は土壌からも蒸散するが、下草があることで、この草の蒸散作用をも借りて水分をいち早く畑の外に出す手段として、皆注目し始めたのである。湿潤な畑には生育のより旺盛な草種が選ばれ、畝間の緑はまたたく間に内陸の産地へと拡がっていった。

さらに、長年の調査の結果、草生栽培区の方がワインの果実香、香りの質や強さ、黒色果実を連想する香りなど、すべてにおいて清耕栽培区のワインに勝った結果が得られた。

ボルドーは赤ワインが主体の地域であったため、酒質向上がみこめる結果が重要視されたのだろう。その後も試験が繰り返され、色素の量、タンニンの量においても優位な結果が示され、草生栽培はますます定着していった。

草生栽培の方式も、全面不耕起で維持する畑や、畝の一列毎に草種を播き、一列毎に清耕する畝に施肥を行う形態など、様々な様式が生まれた。

日本のブドウ畑も、かつては清耕栽培の畑が多かったが、今ではほとんどを草生栽培が占めるようになっている。

草生栽培は、同じ畑の中でブドウ樹と下草が共生するため、当然養分の競合がおきる。植物が利用できる窒素の形である硝酸態窒素に注目して、生育期間中、畑の土壌を採取して硝酸態窒素の分量を量ると、明らかに草生栽培区の方が少ない結果となった。

このことが徒長（栄養成長）を抑え、より成熟に向かう成長（生殖成長）を後押ししていると思われる。

ただ一方で、醗酵時に酵母が必要とする窒素の量が少ないと、最後まで健全な醗酵が行われない事実も存在する。

酵母の増殖には糖分のほか、窒素やビタミン、ミネラル等の栄養源も必要とする。草生栽培区の窒素量が少ない傾向を考慮し、醸造時には、収穫後の果汁の分析でこの資化性窒素量を測定し、必要に応じて酵母の発酵に必要な窒素分やビタミン類などを補うようにしたい。

収穫目標は「健全果」と「適熟果」

除葉については第一部4話で十分述べたので、最後に収穫適期について再度考えたい。

収穫期が近づくと、ブドウ畑を前に身の引き締まる思いを抱く。ヴェレゾーン期以降、ブドウは成熟を続ける。今までの集大成となる収穫に向け、我々はブドウに何を期待し、どのような状態を望むのだろうか。


目標とするものは非常に単純だ。「健全果」と「適熟果」。

果実がこの2つの状態を達成できれば、きっと素晴らしいワインが醸造できる。

ところが、様々な気象状況やそれに伴う病害により、健全果を達成できないこともあるし、適熟まで待たずに収穫せざるを得ないこともある。この2つの目標を完全に達成するには、いつも困難がつきまとう。

それでも我々は、できるだけこの目標を達成しなければならない。

「健全果」については、果実の幼果期からの防除が確実になされていたら、また果房に笠紙を掛ける等、雨の影響を排除し、病虫害の影響を極力排除できていれば、収穫期における健全果は達成できることになる。これは栽培者の努力にかかっている。

「健全果」のためにできること

椀子ヴィンヤードでは広大な面積で栽培するブドウを管理していくために、大型トラクターを導入した。機械で処理できる作業は積極的に機械を使い、余った労力を、手作業でしかできない作業にあてたいと考えたのだ。

大型トラクターが様々なアタッチメントを引きながら旋回できるよう、畑の設計では、外周の余白を約７m確保した。

薬剤散布機は、欧米で一般的に使用されているミスト式噴霧器を導入した。大型トラクターにこのミスト式噴霧器を引かせれば、広大なブドウ畑に効率よく薬剤散布が行えるはずだ。単位面積あたりの散布薬剤の量が、圧倒的に少なくてすむことも、魅力のひとつだった。

ミスト式噴霧器は小さな霧吹きと同じ構造で、薬剤は非常に細かい霧の状態でブドウの葉や果実に付着する。試験紙を葉群や果房の中に置き、どのように付着するのか実験もした。霧が細かく、まるで燻煙しているかのようで、ブドウ樹の奥深く、果房の隅々まで薬液が届くものと信じた。

ところが、毎年、病害をうまく防除できなかった。まだブドウ樹が幼木のせいだろうか、風の影響でブドウに薬液がしっかり散布できていないのだろうか、散布の時期やタイミングが合っていないのだろうか、などと議論は尽きなかったが、数年経っても病害がしっかり防除できなかった。

下した決断は、国内で一般的に使用されている立ち木用スピード・スプレヤーの導入だ。ミスト式にくらべ、薬液の粒子は大きいのだが、高い風圧と共に薬剤が細かな粒子となって葉や果房に吹き付けられる構造だ。

確かに、この機種を導入した後は、病害の発生が抑えられるようになった。日本の気象条件下では、この散布方式のほうが良い結果を示したのだ。

高い風圧に乗った薬液は、ブドウの葉を裏返すほどの勢いでブドウ樹に吹き付けられる。まさに洗われるような状況だ。

郷に入れば郷に従えのごとく、日本の環境では、スピード・スプレヤーの優位性は揺るがないものだった。これは貴重な経験になった。

「適熟果」のためにできること

「適熟果」については、少々説明が必要だと思う。

日本語には「完熟」という素敵な言葉がある。この言葉の指す状態を果実に当てはめると、十分に熟れて、今にも樹からポトリと落ちそうな様子が連想される。食べたら、さぞかし美味しいだろうと思う状態だ。もちろんブドウでも、同じイメージだ。

日本人は昔から、ブドウは生で食べるために栽培してきたのであって、この果実を収穫し、潰して搾って、果汁飲料として利用しようとはしてこなかった。

それはなぜか？　日本は昔からどこにでも潤沢に「水」があり、あえて果物を飲料にする必要がなかったからだ。今もブドウは、飲むためではなく、「食べる」ために栽培されているほうが圧倒的に多い。

生食用のブドウについて、山梨県の甲州ブドウの歴史は非常に古く、約１３００年前から栽培されていたといわれている。食べるための評価として、「甘さ」は第一の指標になる。千年以上の長きにわたり、甘いブドウがおいしいブドウという価値観が、日本人に深く擦り込まれていった。

時代は下り、いよいよこのブドウを用いてワインを醸造する時代が明治の初期に訪れる。このとき、一番おいしい時期に摘んだブドウが一番おいしいワインになる、と誰もが疑うことなく考えただろう。ワインの原料ブドウにおいても、糖度は第一の指標とされた。

消費者が好むワインのスタイルも、長らく甘いワインが主流をなしていたが、東京オリンピックや大阪万博、海外旅行ブームなどで欧米の食文化が普及していくと、食事とともに飲む辛口ワインの消費が増えていく。１９７５年には、辛口ワインの消費量が甘味果実酒のそれを上回り、辛口のスタイルが主流となる時代になっていく。

ワインに求められるスタイルは、溌溂とした酸が明確に感じ取れ、食事との相性の良いスタイルへと変わっていった。

ワインの原料ブドウの評価は、糖分一辺倒ではなく、酸度とのバランスが重要となり、総酸値が大事な指標へと変化していった。

「適熟」という言葉を思いつき、用いるようになったきっかけは、甲州ブドウの収穫期を変えた「シャトー・メルシャン 甲州きいろ香２００４」だ。

甲州は日本で最も長い歴史をもつブドウで、明治期以来、このブドウを使用したワインが醸造されてきたが、世界のステージで評価されるようなワインではなかった。

「シャトー・メルシャン」の研究チームは、長年にわたり甲州のポテンシャルを引き出すための研究を重ねていた。その成果が実を結び、２００３年、３ＭＨ（3-メルカプトヘキサノール）という香気成分が甲州にも存在することを発見したのである。

この香りは、グレープフルーツやパッションフルーツのようなアロマであり、ソーヴィニヨン・ブランが持つ香気成分と同じ物質だ。メルシャンでは、甲州からこの香気成分を引き出したワインを「甲州きいろ香２００４」と名付け、２００５年に発売した。

それまでの甲州のワインは、一様に「香味に於いて中庸だ」といわれていた。それはなぜか？　当時甲州の収穫は伝統的に、10月に入ってから行うのが普通だった。それは、せっかく内在している香りの前駆体が少なくなってしまってからの収穫だったのだ。

また、10月に入ってからだと、白ワインに不可欠な溌剌とした酸も、かなり少なくなってしまっている。

メルシャンでは、この発見を機に、従来の栽培基準をすべて白紙に戻し、ワインに最適なブドウの熟期を見直すことにした。

甲州については、分析結果を解析すると、それまでより約半月ほど早い時期が収穫適期であるとの結論に至った。そのステージをどのようにとらえ、なんと呼べばよいのだろう?

それまで日本で理想的とされてきた「完熟」とはあきらかに違うのだが、当時はそれにあてはまる言葉がなかった。私は、同じブドウでも生食に最も適した適期が「完熟」であるのに対し、新たな概念であるワインづくりのために最適な収穫時時期を「適熟」と呼ぼうと決めた。

「半月ほど早い時期」とあえて書いたが、「早い」という言葉を使うと、従来の収穫基準に軸足を置いた表現となってしまう。そこで、それ以降は「早い」という言葉をなるべく使わないようにした。

こうしてメルシャンは2004年、「適熟」な果実を収穫し、これを醸造した「シャトー・メルシャン 甲州きいろ香2004」を、翌2005年春にリリースした。するとイギリスのワインガイドで高評価を獲得。甲州ワインが世界的に注目されるきっかけとなった。

醸造用ブドウは完熟の一歩手前の「適熟」で摘み取る。「甲州きいろ香２００４」から始まった収穫時期の見直しは、甲州だけにとどまらず、第10話の糖度調査の中で、フェノールの成熟について触れているが、ワインに用いるブドウ品種すべてにおいてなされるようになった。「適熟」という概念は、その後の日本のワインづくりに変革と、新たな希望をもたらしたのではないだろうか。

フランス語に「マチュリテ・エノロジック」という言葉がある。「ワイン醸造学上の熟期」という意味だが、これがまさに我々が考える「適熟」である。

勝沼醸造のイセハラ

甲州の柑橘香に最初に気づいたのは、勝沼にある老舗ワイナリー「勝沼醸造」だった。２０００年の甲州の新酒を仕込むとき、それまでの産地ではなく、御坂町金川原字伊勢原のブドウを用いたところ、果汁が醗酵し始めたタンクから、突如として今まで経験したことのない香りが漂い始めたそうだ。

驚いた有賀雄二社長は、従業員に「お前ら、何かしたか?」と問うたらしい。言われた方は何もしていないから困惑しただろう。それくらい、甲州ワインにはないはずの香りが出現したのだ。

数日後、有賀社長から「見に来てくれないか」と頼まれ、早速、勝沼醸造を訪ねて醗酵しているタンクに上がってみた。確かに今まで経験のない柑橘の芳香が漂っていた。私も、同行した技術者も、にわかに信じることができなかった。矢継ぎ早に質問し、製造工程など聞いてみたのだが、何ら変わったところはなかった。

その後、製品となったこの新酒を自社の利き酒室に置き、事あるごとに栓を取って香りを確認した。この香りは、長らく我々をくぎ付けにしながら、ずっと利き酒室に置かれていた。私にとって、忘れられない出来事だった。

勝沼醸造はその後、このワインの完成度を高める努力を続ける。この香りの正体や最適な醗酵条件など、わからないままだったが、伊勢原の甲州でつくったワインは毎年着実に、この華やかで爽やかな香りを生み出していた。

だが残念なことに、この時点では我々をはじめ、ワイナリー関係者のほとんどは、甲州に柑橘香があることに内心まだ半信半疑だった。

メルシャンは、さまざまな試験醸造で甲州の可能性を探っていた。２００３年、その過程で驚くべきことが起こった。甲州ブドウの房の下半分を収穫して試験醸造したワインが、柑橘の香りを漂わせていたのだ。このとき試験醸造を担当していたのは、当時はまだ血気盛んな若手技術者だった小林弘憲、勝野泰朗たちだった。

メルシャンはボルドー大学デュブルデュー研究室との共同プロジェクトを立ち上げ、この物質と、香り発現のメカニズムを解明、甲州きいろ香の発売となる。ここでやっと我々も、この香りが甲州ブドウ由来であることを確信した。

勝沼醸造ではメルシャンの「甲州きいろ香２００４」より半年早く、２００４年末に「イセハラ２００４」を発売した。

これを境に「柑橘香」の表現が甲州ワインのテイスティングコメントに登場するようになり、世界的に甲州ワインが認知されていく原動力になったのである。

収穫適期を見極める

収穫適期を見極めるためには、糖と酸のバランスがとても重要であることは理解いただけたと思う。では、実際に栽培の現場で、このバランスをどうやって調べればよいのだろう。

まず畑に出て、ブドウの果粒を数粒口に含んでみよう。時期が早ければまだまだ酸っぱく、青い野菜などの風味が感じられる。

次にもう少し生育ステージの進んだ頃に同じように口に含んでみる。すると少し甘みが強く感じられるようになる。でも風味はまだ青く感じられる。

いよいよ収穫適期にさしかかると、口に含んだ果粒から青さが消え、果実の風味が感じられ、十分甘くかつ適度な酸味もあり、まさに甘酸っぱさが心地よいバランスを表現する。

この人間が感じる感覚こそが、収穫適期を把握する手段だと思う。ただ甘いだけの完熟ではなく、ワインづくりにとっての「適熟」を感じ取るのだ。

フランスではこのように収穫期が近づいた果粒をワイン生産者が味見することを、「ブドウ果粒のテイスティング」（Degustation le baies du raisin）という。フランス語では一般的に、ワインのテイスティングをデギュスタシオンと言うが、正確にはDegustation de vins。このｖｉｎ（ワイン）の代わりにｂａｉｅｓ（ブドウのように水分の多い果肉が種子を包んでいる果実のこと）を用いた表現だ。

私は、メルシャンが１９９７年からコンサルタントをお願いしたドゥニー・デュブルデュー教授（１９４９-２０１６）と一緒にブドウ畑を回りながら、収穫間際のブドウを口に含み、果実が熟し、その収穫適期を体得する感覚を学んだ。

教授は、未熟な黒ブドウの果皮のタンニンが貧弱な味わいを「蒼い」と表現し、そのような熟度のブドウの種子は、タンニンが豊富で、かつ収斂性があると表現した。

これが適熟になると果皮のタンニンは豊富でまろやかな風味となり、種子はタンニンが減少し、骨格がしっかりと感じられるようになる。氏からブドウ畑で学んだ貴重な経験だ。

分析機器などが存在せず、ブドウの熟度は官能的な判断だけが頼りだった時代でも、人々は良質のワインをつくってきた。まずは畑に出てブドウを口に含み、収穫適期に至るブドウ果の変化を体験してみてはいかがだろうか。

今では分析結果を携えながら、その数値と風味の変化を紐づけて体得できる時代になっている。一番大事なことは、自分の舌で感じ取ることであり、その裏付けとして分析値で確認していくのが良いのではないだろうか。

そして、確実に収穫時期を見極めるために必要なことは、果実のサンプリングだ。一般的には次の各項目を記載し、分析し、その数値を一覧表にしておく。

日付／品種名／産地名／比重／糖度／転化糖／総酸値／ｐＨ／窒素

糖度、総酸値またｐＨについては成熟の１つの指標となり、窒素については醗酵時に健全な醗酵を行うための参考資料となる。

実際のブドウ畑での果粒のサンプリング方法は、「平成28年度山梨県果樹試験場研究成果情報」にある「醸造用ブドウの作柄を把握するための調査方法」が大変参考になる。

ワインは通常、区画や圃場ごとに一斉に収穫したブドウを、タンクに入れて醸造する。従って、同じロットのブドウは熟度が均一であることが求められる。

この均一にする努力は冬季の剪定作業から始まって、芽掻き、除葉、そしてヴェレゾーン期の摘房作業によってなされており、この均一になったと考えられるブドウ畑の区画全体の状況を知るために、サンプリングを行うのだ。

区画の状況は、全体をくまなく、しかも多量に果粒を集めてくればより正確な値が得られることは間違いないのだが、それでは時間と労力がかかりすぎる。そこでより効率の良い方法として次の調査方法をお勧めしたい。

《醸造用ブドウの作柄を把握するための調査法》
前出の「平成28年度山梨県果樹試験場研究成果情報」では、より簡便でより信頼性のある手法として、100粒法を推奨している。
100粒法　ブドウ畑の同じ区画の中から、全体を歩きながら任意に50房を選び、それぞれの房から2粒ずつ、計100粒を採取して搾汁し調査する。

フィネス&エレガンス

最後に、「フィネス&エレガンス」について触れておきたい。

フィネス&エレガンスという表現は、シャトー・マルゴー総支配人だったポール・ポンタリエ氏（1956‐2016）との交流の中で育んできた、シャトー・メルシャンの永遠のテーマである。

２００２年のシャトー・メルシャンのリニューアル以降、我々はこの言葉を新たな標語としてワインづくりに向き合うようになった。

ポンタリエ氏は１９９８年からシャトー・メルシャンの醸造アドバイザーとして来日するようになり、毎年出来上がったワインを評価しながら様々なアドバイスをして下さった。そのご縁で、１９９８年の仕込み時期にはシャトー・マルゴーで貴重な研修の機会を得たこともある。

彼はフィネス＆エレガンスについてわかりやすく説明するため、次のように日本庭園にたとえたことがある。

ワインは人の文化を体現しています。日本とフランスでは文化も生活様式も異なりますが、次のような共通点があります。

１．すばらしさを追求する文化

２．バランス・調和を重んじる考え方

３．洗練された生活様式やアート→ワインにも感じます

グラン・ヴァンは、全体の印象でしか表すことができないものです。そしてこの印象はちょうど日本庭園にたとえることができます。

共に複雑で、深み、そして調和がある。

日本庭園は、よく見ると小さなものが集まっていて、それらが良く全体に溶け込んでいます。すべてにおいて統一がとれていて、過剰なものがありません。

グラン・ヴァンも、調和、バランスに重点を置いており、タンニン、アルコール、果実の風味、そして酸などすべての要素が混在し、どれ一つとして支配的なものがありません。

調和、フィネスは時として軽さ、弱さと訳されることがありますが、決して軽さや弱さではありません。人には強さが必要ですが、日本もフランスも強さを隠す美徳、強さを隠す力を持っています。

力強いワインに憧れるのは理解できますが、そのようなキャラクターを持ち合わせていても、その先に「バランス」「繊細な上品さ」がより重要であることを、肝に銘じてください。

そして日本のワインの可能性について。フランスにはワインづくりの長い歴史があります。日本におけるその歴史は浅いですが、皆さんは洗練・調和の感性を持っていますから、グラン・ヴァンを生み出す可能性は十分にあります。

あとは、日本のテロワールから、いかに良いものができるかを確認するだけです。

これ以降、我々は「フィネス&エレガンス」を、ポンタリエ氏に倣（なら）い、日本庭園にたとえて表現するようになった。我々にとっても非常に腹落ちするたとえだったからだ。

ポンタリエ氏は、ボルドーだけでなく、ヨーロッパ各地やアメリカ、チリ、そして日本でも、ワインづくりのコンサルタントの仕事をしていた。

それは、決して世界各地でシャトー・マルゴーのようなワインをつくるためではなく、その土地土地の環境を理解して、それに適合するワインづくりを見つけ出すための知的な努力に関心があった

椀子ヴィンヤードのブドウをチェックするポール・ポンタリエ氏（右）と筆者（左）

からだ。

ワインとは、テロワールと技術が合わさった結果できるものだ。テロワールとは、その土地土地が持つ個性、つまりブドウを育てる畑の土壌、天候、環境、そしてそこに働く人々の営為までをも表すが、それらがすべてバランスよく合わさってこそ、良いワインができるのである。

長年高級ワインづくりに携わってきたポンタリエ氏が、その経験上最も重要視していたのは、ワインをつくる人が、「どんなワインをつくりたいか、そのワインで何を消費者に伝えたいか」という点だ。

いかに優れた土壌、気候条件であっても、そこでブドウをどう育てるか、そのブドウの持っている個性をどうワインで開花させるか、について、栽培者、醸造者の両者に、深い洞察力やそれを支える思想・哲学がなければ、良いワインは育まれないからだ。

ポンタリエ氏のワインづくりの身上は、常に「フィネス&エレガンス」だった。具体的には、出来上がったワインが繊細な深い味わいを持ち、心地よく味わえる、洗練された優雅さを備えていることだ。いたずらに香りが強く、味わいが濃すぎるワインがあるが、それはコンクール受けしても、真のワイン愛好家が求めるものではない。

良いワインをつくりだす卓越した技術というのも存在するかもしれないが、ワインとは飲み手に喜びを与えるものでなければいけない。これを突き詰めていくと「バランス」という感覚に到達する。この「バランス」とは、飲み手に喜びを与えるための手段として、すべての要素を網羅しての「バランス」と理解して頂きたい。

ワインとは、同一産地内、また各産地間で各社が品質を競い合い、その品質を評価する顧客がいて、やがて日本国内の市場で認められ、認知され、望まれれば海を越え、大きな輪となって広がっていくものだ。

そのワインの価値を見出すのは、最終的には飲んで頂くお客様なのである。

あとがき

本書を出版することになり、今から20数年前を思い出した。

長野県・桔梗ヶ原のブドウ畑を、尊敬する大先輩であり上司だった浅井昭吾さん（１９３０-２００２　ペンネーム・麻井宇介）と一緒に歩いているときだった。

「今度はレイソンに行ってみないか」

浅井さんの突然の言葉に驚いて、何と答えていいかわからなかった。その数年前、私のデイヴィス校留学の背中を押して下さったばかりである。会社では、通常外国への派遣は１人１国が習わしだったから、今度はフランスを経験して来いというのは、まさに青天の霹靂だった。

フランス語の勉強は、デイヴィス校留学が決まってから、ずっと遠ざかっていた。大きな不安と、湧き上がってきた喜びが交錯し、複雑な気持ちだったことを懐かしく思い出す。

渡仏して3年目、私の一時帰国を待っていたかのように、浅井さんが東京の小さなレストランで歓迎会を開いて下さった。この時、私の前に見知らぬ人物が着席していた。醸造産業新聞社の西岡氏で、私がフランスに戻ったら、毎月、現地での出来事や経験したことを歳時記として書き送ることがすでに決まっていた。原稿は醸造産業新聞社の『酒販ニュース』紙に連載されるという。

「こうまでしないと、誰ものを書こうとしない」と、浅井さんがお膳立てされていたのだ。

「何しろ書けよ」「書かなきゃだめだ」

以前から浅井さんの小さなコラムを手伝っていた私が、何度となく聞かされた言葉だ。渋々連載を承諾し、数日後また飛行機に乗った。

１９９８年5月から１９９９年4月まで『酒販ニュース』の1年間の連載が終わり、ボルドー駐在の引継ぎも終え、１９９９年5月に帰国した。帰国後、浅井さんと会うたびに「連載原稿を本にしろよ」と言われ続けたが、なんとなく遠のいてしまい、今になってしまった。本書の第一部は連載されたものに加筆・修正を加え、また、新たに章を書き加えて、ようやく体裁を整えたものである。

良いワインにかかせないものは、良いブドウ、そのブドウを育てる志を持った栽培者、それを良いワインに仕上げるワイン醸造技術者、そのワインづくりを可能にする適切な設備、となるだろうか。この栽培者と醸造技術者は同一人物かもしれない。

そして一番大事なことは、ワインはブドウの個性によって評価されるものであり、ブドウの個性とは何なのかを深く考える必要があるということだ。ワインは「始めにブドウありき」なのである。

私は毎年手帳が替わるたび、次の文章を背表紙に貼り付け、時々読み返しては自分を律する戒めにしていた。この文章はメルシャンの社内報が、「１２０周年企画・あの方に聞くメルシャン」（１９９７年）で、当時顧問だった浅井さんにインタヴューした記事の抜粋だ。

・・・日本には、「日本固有の甲州やマスカット・ベーリーAで日本のワインをつくるんだ」という考えが圧倒的に強かったんです。圧倒的に強いということの裏返しは、日本の気候風土のもとでは、「ヨーロッパ系のブドウは栽培できない」という考えが支配的だったということです。日本のワインは日本にしかないブドウでつくるべきだという主張もあります。けれどもそのワインが品質、価格の両面で、世界の水準に及ばなければ、日本のワインとして通用しません。ワインの世界は、もうグローバルな時代を迎えているのです。もし、優れたワインの原料であるヨーロッパ系品種が日本で栽培できないとなれば、日本でワインをつくること自体を否定しなければなりません。「桔梗ヶ原メルロー」「北信シャルドネ」「城の平カベルネ・ソーヴィニヨン」は、こうした大きな課題に対する挑戦だったのです。しかし、こういう仕事はブドウ農家の協力なしには取り組めません。会社が自社農園でやれることには限りがあるのです。―中略―

幸いに「桔梗ヶ原メルロー」が突破口となって、シャルドネもカベルネ・ソーヴィニヨンも、日本の風土で世界に通用するワインがつくられることを証明できました。それは醸造を担当する技術者の手柄ではありません。技術者が腕をふるえるブドウができたこと、「始めにブドウありき」を絶対に忘れてはいけないのです。これからも、農家の人達にメルシャンと連帯感を持って栽培に取り組んでもらえるような、そんな組織であることを心の底から祈っています。「桔梗ヶ原メルロー」も「北信シャルドネ」も社員だけではつくれません。それればかりか、ひとたび農家の心が離れたら、それまでの努力がどれほど多大であったとしても、たちまち消滅してしまうものだということを、忘れないでください。

何度読み返しても心を洗われる文章であり、ワインづくりにおける崇高な思想である。

ブドウ栽培からワインづくりまで、私はこれまで浅井さんをはじめ多くの方々から、貴重な教えを頂く機会を得た。この業界に身を置く人間として、教えていただいたことを次の世代を担う人たちにお伝えし、少しでも美味しいワインをつくろうとしている皆様のお手伝いができれば幸いだと思っている。

稚拙で読みにくい文章だと思うが、本書を読んで少しでも気付きを覚えていただければ望外の喜びである。ワインづくりに携わる人間として、我々の目指すことは消費者に美味しいと感じてもらえるようなワインをつくることであり、それを広めることであると考える。

本書はイカロス出版の手塚さんが何度も尻を叩いてくださったおかげで、ようやく発行にこぎつけた。心から感謝を申し上げる。

そして、浅井さんには、本当に遅ればせながらの報告をしたいと思う。

齋藤　浩

２０２２年12月

齋藤 浩（さいとう ひろし）

1956年、山梨県鰍沢町（現・富士川町）に生まれる。1981年、玉川大学大学院農学研究修士課程修了。

同年、三楽オーシャン株式会社（現メルシャン株式会社）に入社し、勝沼ワイナリー栽培課勤務となる。

1988年～1990年、カリフォルニア大学デイヴィス校に留学し、当時の世界でも最新の栽培技術を学ぶ。

1994年5月～1999年5月の5年間、フランス・ボルドー、オー・メドック地区にあるシャトー・レイソンに勤務。

その間、ボルドー大学醸造学部で学び、DUAD（Diplôme Universitaire d'Aptitude à la Dégustation）取得。

1999年、フランスから帰国して勝沼ワイナリーに戻り、ヴィンヤード・マネージャー。各契約栽培地のブドウの品質向上に大きな貢献をするとともに、メルシャンが初めて手がける大規模自社管理畑「椀子ヴィンヤード」の設立・運営を担当。

2006年、シャトー・メルシャン ゼネラル・マネージャー（工場長）に就任。ワイナリー全体の総責任者を務めるとともに、栽培の総責任者であるチーフ・ヴィンヤード・マネージャーも兼任する。

2014年にゼネラル・マネージャーを退任し、理事、顧問を経て、2021年にメルシャン株式会社退職。

2021年より、勝沼醸造株式会社 取締役副社長。

2015年～2017年　山梨県果樹試験場 客員研究員
2011年～2020年　山梨県ワイン酒造組合 会長
2022年～　山梨大学 非常勤講師

ヴィニュロンの流儀

ボルドーと椀子（まりこ）ヴィンヤード
ワインのブドウ畑から私が伝えたいこと

2023年3月5日　初版第1刷発行

著　者　齋藤 浩
発行者　山手章弘
発行所　イカロス出版
〒101-0051 東京都千代田区神田神保町1-105
電話03-6837-4661（出版営業部）
本文・カバーデザイン　木澤誠二
印　刷　図書印刷

Printed in Japan
ISBN 978-4-8022-1234-2
定価はカバーに表示してあります。
落丁・乱丁本はお取り替え致します。